DA BYW CYMRU 1: – GWARTHEG
Twm Elias

WELSH FARM ANIMALS 1: – CATTLE
Twm Elias

Argraffiad cyntaf: Gorffennaf 2000
First edition: July 2000

Translated by John Puw

Rhif Llyfr Safonol Rhyngwladol/ISBN: 0-86381-650-9

Argraffwyd a chyhoeddwyd gan Wasg Carreg Gwalch,
12 Iard yr Orsaf, Llanrwst, Dyffryn Conwy, LL26 0EH.
01492 642031
01492 641502
llyfrau@carreg-gwalch.co.uk
lle ar y we: www.carreg-gwalch.co.uk

Prif lun y clawr: Tafarn *The Welsh Black*, Bow Street
Main photograph on the cover: The Welsh Black inn, Bow Street

Llun y dudalen flaenorol: Beti Williams, Plas y Bont, Cwm Cywarch, Meirionnydd yn godro buwch ddu yn y cae, 1983. (Llun: Niall Macleod)
Overleaf photo: Beti Williams, Plas y Bont, Cwm Cywarch, Meirionnydd milking a black cow in the field, 1983. (Photo: Niall Macleod)

Diolchiadau:
Does dim ffordd well i gael trefn ar bwnc na sgwennu traethawd neu lyfr arno. Felly diolch i Myrddin ap Dafydd am y gwahoddiad i lunio'r gyfrol hon, a thrwy hynny i roi'r ddisgyblaeth imi i roi trefn ar yr holl ddefnyddiau a gesglais am wartheg a hanes cefn gwlad dros y blynyddoedd. Diolch i gyfeillion megis y diweddar Dai Davies, Cymdeithas Gwartheg Duon, a swyddogion presennol y gymdeithas honno, a Gwyn Jones, Penygarn, Aberystwyth am ddefnyddiau. Hefyd diolch i Handel Jones, Rhandirmwyṇ a'm brawd Derwydd am sylwadau a syniadau. Diolch i'm chwaer Marian am fynd drwy'r proflenni efo crib mân, ac i griw hwyliog Gwasg Carreg Gwalch am lywio'r cyfan mor effeithiol a thaclus drwy'r wasg – Esyllt a Myrddin am gael y cyfan i drefn, i Sian am y dylunio, i Mair am deipio, ac i Robin, Phil, Geraint ac Eilir am weithio'r peiriannau mawr. Diolch i bawb gartre am ddygymod â'r nosweithiau hwyr, ac yn olaf, diolch i chithau am brynu'r gyfrol, wel, gobeithio ynte!

Cyflwyniad/Introduction

gan/by

Dai Jones, Llanilar

Croeso cynnes i gyfres ar fridiau traddodiadol ffermydd Cymru – ac i'r gyfrol gyntaf hon sy'n rhoi sylw i wartheg. Mae hanes y bridio ynghlwm wrth hanes cefn gwlad, ac mae hwnnw'n hynod ddiddorol o'r cyfnod pan oedd gwartheg yn gwneud gwaith ceffylau, drwy gyfnod y porthmyn i'r cyfnod diweddar.

Mae gofynion y farchnad yn rheoli natur y stoc, wrth reswm, a diben cyntaf hwsmonaeth dda yw cynnal teuluoedd ar y tir. Ond mae'r elfen arddangos ac ymhyfrydu mewn stoc yn bwysig yn ogystal ac mae'n hyfryd gweld y torfeydd yn mwynhau'r sioeau bach a mawr yn yr haf. Y calondid mwyaf un yw bod Gwartheg Duon Cymreig, nid yn unig yn dal eu tir yn wyneb yr holl fridiau cyfandirol, ond hefyd ar gynnydd ac yn cael eu hallforio i bedwar ban byd.

A warm welcome to a series of booklets on Welsh traditional farm animal breeds – and to this volume in particular, concentrating on Welsh cattle. The history of breeding is tied to the story of the countryside, and that is remarkably interesting from the time oxen toiled the land, through the age of the drover to the modern era.

Market forces dictates the nature of stock, of course, and the first objective of good husbandry is to support our traditional family farms. Yet, exhibiting and taking pleasure in stock is also important, and its wonderful to see the crowds enjoying the local and national shows of Wales every summer. It's a great encouragement to witness the Welsh Black Cattle, not only holding their own on our green pastures, but also gaining world wide recognition.

Y Gwreiddiau

Mae'n debyg i'r broses o ddofi gwartheg gwylltion ddechrau yn neupen Asia oddeutu'r un pryd – rhyw 8000 CC. O ganlyniad, yng Ngwlad y Tai erbyn 5000-3500 CC, gweithiai'r byfflo gwyllt y tir i bobl a dyfai reis, tra ym mhen arall Asia, yn y Dwyrain Canol, gwelwn fod y bual gwyllt mawr corniog, yn yr un modd, yn greadur amaethyddol erbyn tua 4000 CC ac yn trin y tir ar gyfer tyfu gwenith yn y parthau hynny. Yn sicr, roedd dofi gwartheg ar gyfer gwaith yn gam hollbwysig yn nhrawsnewidiad yr economi ddynol gynnar o helwriaeth i amaethyddiaeth sefydlog.

Does dim amheuaeth nad yw ein gwartheg gorllewinol ni yn tarddu o'r bual (*Bos primigenius*) a nifer o isrywogaethau ohono, e.e. y *Bos p. longiformis* a'r *Bos p. taurus* o dde a chanolbarth Ewrop a oedd yn llai eu maint ac yn fyrrach eu cyrn. Roedd bual gogledd Ewrop a gorllewin Asia yn greadur anferth a ffyrnig iawn, efo cyrn ceimion talsyth ac yn mesur rhyw chwe throedfedd hyd ei ysgwyddau. Duon oedd y teirw a'r gwartheg yn frowngoch. Gwelir lluniau trawiadol ohonynt ar waliau ogofâu megis yn Lascaux yn Ffrainc, wedi eu paentio dros 17000 o flynyddoedd yn ôl gan bobl fyddai'n eu hela.

Mewn darluniau o Fesopotamia sy'n dyddio o 2900 CC, gwelwn wartheg yn cael eu bwydo, teirw yn tynnu car llusg a buwch yn cael ei godro. Yn yr Aifft, ceir lluniau ar waliau claddfannau, sy'n dyddio o tua

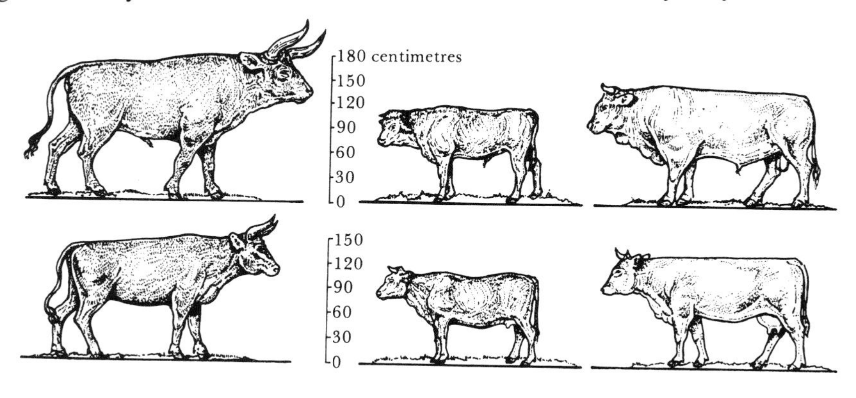

Gwartheg ar hyd yr oesoedd: maint y bual mawr (ar y chwith – tarw uchaf; buwch isaf) o'i gymharu â gwartheg Oes yr Haearn o dde'r Almaen (canol) a gwartheg Ewrop heddiw (ar y dde)

Cattle through the ages: the size of the great auroch (left – bull upper; cow lower) compared to Iron Age cattle from southern Germany (centre) and modern day European cattle (right)

The Beginning

The process of domesticating wild cattle probably began simultaneously, around 8000 BC, at both ends of the Asian continent. As a result, by 5000-3500 BC the wild buffalo was tilling land in Thailand for people who were growing rice, while at the other end of Asia, by about 4000 BC, the great-horned wild auroch was being used as an agricultural beast to till the land of the Middle-East for growing wheat. Undoubtedly, domesticating cattle for work purposes was an important step in changing the early human economy from hunting and gathering to a stable agricultural society.

There is no doubt that our western cattle evolved from the auroch (*Bos primigenius*) and it's various sub-species, e.g. the *Bos p. longiformis* and the *Bos p. taurus* from southern and central Europe, which were smaller and had shorter horns. The auroch of northern Europe and western Asia was an enormous and extremely ferocious creature, possessing erect and crooked horns, and reaching some six feet at its withers. The bulls were black and the cows a reddish-brown. Stunning pictures can be found on the walls of caves such as Lascaux in France, painted by people who hunted them about 17000 years ago.

Pictures from Mesopotamia from about 2900 BC show cattle being fed, bulls pulling a sledge, and a cow being milked. In Egypt, from around 2500 BC, we find pictures on burial chamber walls, not only of long horned cattle but of some with short horns, and others that were polled. There were also some speckled black and white cattle with large udders. It is obvious therefore that a number of cattle types had been developed

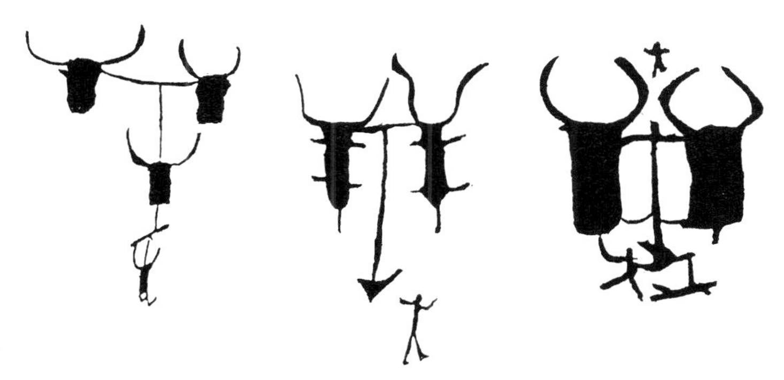

Ysgythriadau mewn ogofâu yn Alpau'r Eidal yn dangos ychen yn aredig (tua 1500 CC)

Cave carvings from the Italian Alps portraying oxen ploughing (c. 1500 BC)

2500 CC, nid yn unig o wartheg hirgorn ond rhai byrgorn, rhai moelion, a cheir rhai brithion du a gwyn efo pyrsiau mawrion hefyd. Mae'n amlwg felly fod nifer o wahanol fathau o wartheg wedi eu datblygu erbyn hynny, a'u bod yn cael eu defnyddio i wahanol ddibenion. Ceir lluniau a modelau o wartheg yn tynnu erydr ac yn cael eu godro, a theirw yn sathru ysgubau ar lawr dyrnu ac yn cael eu rhaffu, eu taflu a'u lladd. Darlunir gyrroedd yn pori ac yn cael eu symud o un lle i'r llall a lluniau eraill o wartheg gwylltion yn cael eu hela.

Gwartheg mewn Crefydd

Oherwydd pwysigrwydd gwartheg yn y cyfnod cynnar hwn nid yw'n syndod fod iddynt le amlwg iawn mewn gwahanol grefyddau. Credai'r Mesopotamiaid mai'r tarw anferth a ddaliai'r ddaear rhwng ei gyrn a

Ysgythriad o wartheg mewn ogofâu yn ardal Dordogne, Ffrainc

Cave carvings of cattle in the Dordogne region, France

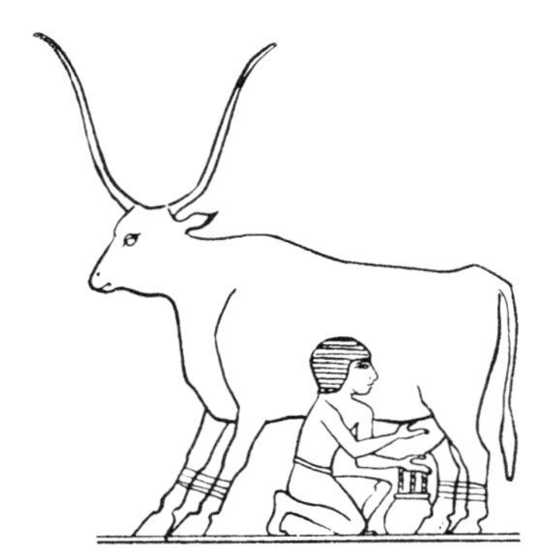

chwith – Buwch hirgorn o'r Aifft
de – Ymladd teirw: dyluniad o'r Aifft, 2000 CC

left – A longhorn cow from Egypt
right – Bullfighting: an Egyptian portrayal, 2000 BC

by then, and that they were used for different purposes. Pictures and models are to be found of cattle drawing ploughs and being milked and of bulls treading wheat sheaves on threshing floors and being roped, thrown and killed. There are also pictures of herds being moved and others of wild cattle being hunted.

Cattle in Religion

Because of the importance of cattle in this early period there is little wonder that they featured strongly in different religions. The Mesopotamians believed that earthquakes were caused by the enormous bull that held the earth between its horns shaking its head in anger. The palaces of the kings of Syria were protected by winged bulls with the heads of humans and Ptah, one of the main gods of Egypt, had a bull's head. We also know of the golden calf that caused Moses such trouble!

The cult of the bull was strong in Minoan culture, in which youths are pictured somersaulting between the horns of enormous bulls, and in Greek mythology Zeus transformed himself into a bull to rape Demeter. The unfortunate outcome of that coupling was the terrible Minotaur that was half man and half bull. The Druids sacrificed bulls and some Celtic leaders wore large horned ceremonial helmets to give the wearer the strength and power of the bull. The Vikings, a thousand years later, were

Tarw wedi'i gerfio ar garreg mewn arddull Bictaidd o Burghead, Inverness

A bull carved in stone in a Pictish style from Burghead, Inverness

achosai ddaeargrynfeydd drwy ysgwyd ei ben mewn dicter. Gwarchodid palasau brenhinoedd Syria gan deirw adeiniog efo pennau dynol ac yn yr Aifft, pen tarw oedd gan Ptah – un o'r prif dduwiau. Clywsom hefyd am y llo aur y cafodd Moses gymaint o drafferth ag o!

Roedd cwlt y tarw yn gryf yn y diwylliant Minoaidd, lle dylunir llanciau yn neidio tin-dros-ben rhwng cyrn teirw anferth, ac ym mytholeg y Groegiaid trodd Zeus ei hun yn darw i dreisio Demeter. Canlyniad yr uniad hwnnw oedd y Minotor erchyll a oedd yn hanner dyn a hanner tarw. Aberthid teirw gan y Derwyddon a gwisgai rhai o benaethiaid y Celtiaid helmedau mawr corniog, seremonïol i drosglwyddo nerth a grym y tarw i'r sawl a'u gwisgai. Roedd y Llychlynwyr, dros fil o flynyddoedd yn ddiweddarach, hefyd yn enwog am eu helmedau corniog.

Gwartheg Cynnar Prydain

Er bod y bual gwyllt i'w gael ym Mhrydain ar ôl Oes yr Iâ, mae'n debyg i bobl yr Oes Neolithig, tua 3500-2500 CC, ddod â'u gwartheg eu hunain, ynghyd â moch, defaid a geifr o'r cyfandir. Yn ôl y dystiolaeth o fawnogydd rhai tywyll, hirflew â thalcen llydan, tebyg i frîd presennol Ucheldir yr Alban oedd y rhain ac yn tarddu o'r *Bos p. longiformis* deheuol a oedd yn llai ac, mae'n debyg, yn fwy hylaw na'r bual gwyllt mawr peryglus a ddaliai i grwydro'r coedwigoedd. Mae'n debyg bod y rhain yn cael eu symud o le i le o fewn tiriogaeth y llwyth a dengys tystiolaeth archeolegol, e.e. o Windmill Hill a Maiden Castle yn Dorset,

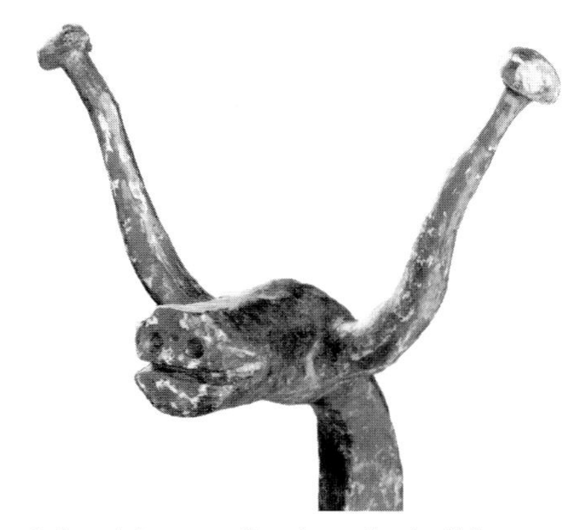

chwith – Cerflun efydd o darw o Morafia sy'n dyddio o'r chweched ganrif cyn Crist
de – Pen tarw ar gigwain Geltaidd

left – A bronze figurine of a bull from Moravia, sixth century BC
right – A bull's head on a Celtic fire-dog

also well known for their horned helmets.

Early Cattle in Britain

Although the wild auroch could be found in Britain following the Ice Age, it is likely that Neolithic people, about 3500-2500 BC brought their own cattle, as well as pigs, sheep and goats from the continent. Evidence from peat bogs suggests these cattle had dark, long coats and a wide forehead, resembling the current Scottish Highland breed. They would have evolved from the southern *Bos p. longiformis* that was smaller and, probably, more amenable than the large, dangerous auroch that still roamed the forests. It is possible that the cattle were moved around within the territory of the tribe and archaeological evidence, e.g. from Windmill Hill and Maiden Castle in Dorset suggests that they were collected together at special occasions in enormous enclosures to be sorted for killing.

From about 1500 BC, as the culture and technology of the Bronze Age developed in Britain, a new kind of cow came over from the continent – smaller and slimmer with short horns that turned forwards. This developed from the *Bos p. taurus* of southern and central Europe, and is mostly connected with milk production. It was from this, during the Iron Age (from about 700 BC) that what we know as the Celtic cow developed and was the forerunner of most of our modern dairy breeds.

It is likely that the last true wild auroch disappeared from Britain about 1200 BC, but some of its blood continues today in our more 'primitive' breeds, e.g. the white cattle that are connected with Dinefwr

Buchod gwynion Dinefwr *Dinefwr white cattle*

eu bod yn cael eu casglu ynghyd mewn corlannau enfawr ar adegau arbennig i'w didoli ar gyfer eu lladd.

O tua 1500 CC, wrth i ddiwylliant a thechnoleg yr Oes Efydd ddatblygu ym Mhrydain, daeth math newydd o fuwch drosodd o'r cyfandir – un fechan, fain, fyrgorn, efo'r cyrn yn troi at ymlaen. Tarddai hon o'r *Bos p. taurus* o dde a chanolbarth Ewrop ac fe'i cysylltir yn bennaf â chynhyrchu llaeth. O hon, yn Oes yr Haearn (o tua 700 CC), y datblygodd yr anifail a adwaenwn ni fel y fuwch Geltaidd, ac ohoni hi y daeth y rhan fwyaf o'n bridiau llaeth modern ni.

Mae'n debyg mai rhywdro oddeutu 1200 CC y diflannodd y bual gwyllt olaf o Brydain, ond fe bery rhywfaint o'i waed hyd heddiw yn rhai o'n bridiau mwy 'cyntefig', e.e. yn y gwartheg gwynion a gysylltir â Dinefwr a Chilingham a.y.b. Saethwyd y bual gwyllt olaf yn Ewrop yng Ngwlad Pwyl yn 1627.

Amaethu Cynnar ym Mhrydain

O'r Oes Efydd y daw'r dystiolaeth gynharaf o aredig ym Mhrydain a hynny ar ffurf caeau bychain sgwâr wedi eu croesaradu. Defnyddid y dull hwn am nad oedd sychau efydd cyntefig y cyfnod ond yn rhychu wyneb y ddaear, yn hytrach na throi'r dywarchen. Rhaid felly, os am droi'n effeithiol, aredig eilwaith, yn groes i'r cwysi cyntaf, gan greu patrwm tebyg i fwrdd draffts. Buchod neu ychen a ddefnyddid i dynnu'r erydr hyn. Roedd yr ych yn greadur newydd, hylaw, a grewyd trwy gyweirio tarw

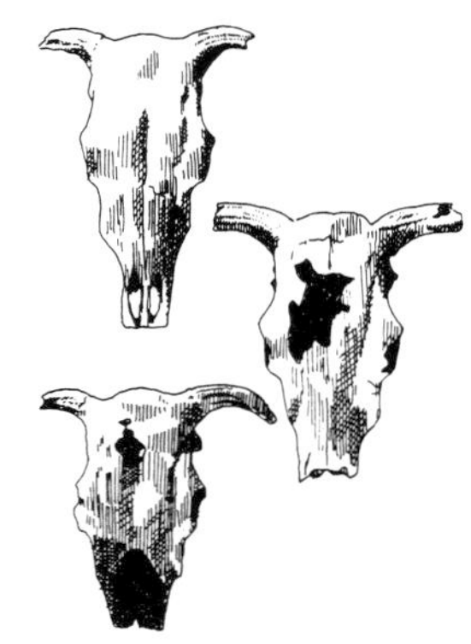

chwith – Iau ychen o Forgannwg
de – Penglogau ychen oedrannus wedi'u haberthu a ganfuwyd mewn cysegrfan o Oes yr Haearn yn Gournay, Ffrainc. Mae olion llafnau cleddyfau yn eglur ar y ffroenau.

left – An oxen yoke from Glamorgan
right – The skulls of ox sacrificed in old age at the Iron Age shrine of Gournay, France. Sword marks are still visible on their muzzles.

and Chilingham etc. The last auroch on mainland Europe was shot in Poland in 1627.

Early Agriculture in Britain

The earliest evidence of ploughing in Britain comes from the Bronze Age in the form of small fields that had been cross-ploughed. This method was practiced because the primitive bronze ploughshares of the age only scratched the soil surface, rather than turning over a furrow. It was necessary therefore, if the ploughing was to be successful, to plough a second time at right-angles to the first, creating in the process a pattern similar to a draughts-board. Cows, or oxen, were used to draw the ploughs. The ox was a new beast, easier to handle, and created by castrating bulls – originally with a stone (!) and later with a knife. The ox was central to the agriculture of our land until the horse replaced it in the 19th century.

The method of ploughing changed considerably with the development of the Celtic plough that had an iron ploughshare and mouldboard cap able of turning a furrow rather than scratching the surface. These ploughs were much harder to draw and there is evidence of teams of four, six or eight oxen, depending on the nature of the soil. Because there was no longer a need to cross-plough, Celtic fields were divided into long strips or an *erw*, which was the amount of land an eight oxen team could

Buwch Dexter – un o'r bridiau bychain modern sydd agosaf eu maint i'r hen fuwch Geltaidd fyrgorn

A Dexter cow – one of the smaller modern breeds closest in size to the old Celtic shorthorn type

– efo carreg yn wreiddiol (!) a chyllell yn ddiweddarach. Roedd yr ych yn ganolog i amaethyddiaeth ein tiroedd âr tan i'r ceffyl ei ddisodli yn y bedwaredd ganrif ar bymtheg.

Newidiodd y dull aredig yn sgîl datblygiad yr aradr Geltaidd gyda swch haearn iddi, a styllen bridd a oedd yn troi cwys yn hytrach na chrafu rhych. Roedd tipyn mwy o waith tynnu ar yr erydr newydd hyn a cheir tystiolaeth y defnyddid gweddoedd o bedwar, chwech, neu wyth ych, yn dibynnu ar natur y tir. Am nad oedd angen croesaradu bellach, rhennid y caeau Celtaidd yn lleiniau hirion neu 'erwau', sef y tir a droid gan wedd wyth ych mewn diwrnod. Hyd erw oedd 1/8fed o filltir, sef ystaden neu *furlong (furrow length)* a gynrychiolai'r pellter y gallasai'r ychen dynnu'r aradr heb saib i gael eu gwynt. Gwartheg duon bychain iawn oedd yn tynnu'r erydr, ac o'r rhain y daw'r bridiau duon modern – y Galloway, Angus, Kerry, Dexter ac wrth gwrs y Du Cymreig.

Erbyn Oes yr Haearn roedd y gyfundrefn Hafod a Hendre wedi datblygu yn yr ucheldiroedd, efo'r flwyddyn yn cylchdroi o gwmpas y gweithgareddau a'r symudiadau tymhorol. G'lanmai byddai'r gyrroedd, heblaw'r ychen aredig, yn mynd i'r mynydd, lle caent eu bugeilio (bu = buwch, geilyf = symud gyrroedd), gan ddychwelyd G'langaeaf, ar ôl y cynhaeaf, i gysgod y dyffryn.

Roedd dwyn gwartheg ei gilydd yn ddefod a difyrrwch i'r hen Geltiaid a cheir llawer o gyfeiriadau at hynny yn eu chwedlau. O bosib, y *Tain Bo Cuailnge* (Dwyn Gwartheg Cwlai) o Iwerddon yw'r enwocaf, yn sôn am y rhyfel a gododd wedi lladrad tarw mawr coch Ulster a rhan yr arwr Cu Chulain yn y miri. Parhaodd yr arferiad i'r Canol Oesoedd cynnar yng Nghymru oherwydd dywedir mai un o'r prif resymau paham y cododd Offa ei glawdd rhwng Cymru a Mersia oedd i atal y Cymry rhag croesi'r ffin i ddwyn gwartheg!

Ceir yr argraff fod amryw o wahanol fathau o wartheg ym Mhrydain yn y cyfnod Celtaidd. Gwelwn, er enghraifft, o'r addurniadau efydd ar ffurf pennau gwartheg ar grochanau haearn, rai â chyrn yn troi am allan a'u blaenau at i fyny; eraill at ymlaen, ac eraill prinnach un ai yn hirgorn neu'n fyrgorn. Yn ôl disgrifiadau'r Rhufeiniaid, gwartheg duon a chochion oedd fwyaf cyffredin, ond roedd gyrroedd gwynion hefyd a oedd wedi eu dethol yn arbennig ar gyfer eu haberthu yn seremonïau'r Derwyddon.

Ar diroedd ysgafn de Lloegr, lle ymsefydlodd y Rhufeiniaid yn bennaf, dau ych a ddefnyddid i dynnu'r erydr. Ond am na allasai'r ddau

plough in one day. An *erw* was 1/8th of a mile in length, this being a 'furlong' (furrow length), that represented the distance the oxen could pull the plough without needing to rest. The cattle that pulled the plough were very small and black, and are the ancestors of some well-known modern black breeds – the Galloway, Angus, Kerry, Dexter and of course the Welsh Black.

By the Iron Age the *Hafod* and *Hendre* system (summer and winter residence) had developed in the uplands, and the year turned around seasonal activities and movements. The herds, apart from the ploughing oxen, were sent to the uplands on May Day to be shepherded (*bugeilio* in Welsh: *bu* = *buwch* [cow], *geilyf* = moving herds), returning to the shelter of the valley on All Saints Day, following the harvest.

A common practice among the ancient Celts was stealing each other's cattle, and is often mentioned in their legends. Possibly the most famous example is the *Tain Bo Cuailnge* (Cuailgne's Cattle Raid) from Ireland, giving the account of a war that arose following the theft of the great brown bull of Ulster and the part taken by the hero Cu Chulain in the incident. It continued in Wales until the early Middle Ages and one of the main reasons given for Offa having to erect a dyke between Wales and Mercia was to stop the Welsh from crossing the border to steal cattle.

It appears that there were many different types of cattle in Britain in the Celtic era. For instance, some cattle-head bronze decorations on iron cauldrons had horns that turned outwards with tips pointing upwards; others pointed forwards, and other rarer examples had either longhorns or shorthorns. According to Roman descriptions, black or red cattle were most common, but there were also white herds that had been specially selected for Druidic rituals.

On the light lands of southern England, where the Romans settled the most, two oxen were used to draw the ploughs. Because two could only draw a furrow 120 feet in length as opposed to the longer eight oxen furrows of the Brythons, a new system of measuring land was introduced – rather than the long Brythonic *erw*, the shorter but wider Roman 'acre' was adopted. Another difference between Brython and Roman was that the Romans shod the outer half of the oxen's hooves with iron cues (oxen shoes) so as to stop them from wearing. But, in Wales apart from Glamorgan and Gwent, the Roman influence on agriculture was minimal.

ond tynnu cwys 120 o droedfeddi yn hytrach na chwysi wyth ychen hirach y Brythoniaid, roedd eu dull o fesur tir yn wahanol – yn hytrach nag 'erw' hir y Brython, gelwid mesur byrrach ond lletach y Rhufeiniwr yn 'acer'. Gwahaniaeth arall rhwng y Brythoniaid a'r Rhufeiniaid oedd bod y Rhufeiniaid yn pedoli carnau allanol eu hychen efo ciwiau haearn i'w harbed rhag gwisgo'n ormodol wrth weithio. Ond mewn gwirionedd, heblaw am Forgannwg a Gwent, prin fu dylanwad y dulliau Rhufeinig o amaethu ar Gymru.

Gwartheg fel Arian

Roedd gwartheg yn werthfawr nid yn unig am eu cynnyrch ond am eu bod yn fesur o gyfoeth eu perchennog a'i dylwyth. Yn Iwerddon roedd chwech anner, neu dair buwch laethog, yn gyfwerth â chaethferch (cumal). Yna daeth y term 'cumal' i olygu uned i fesur gwerth tir a.y.b. Yma yng Nghymru nid hap a damwain o gwbwl yw fod y gair *'cyfalaf'* yn tarddu o'r gair *'alaf'* am yrr o wartheg. Telid trethi i'r Rhufeiniaid ar ffurf gwartheg, grawn a mwynau. Fil o flynyddoedd yn ddiweddarach, telid trethi i'r Normaniaid ar ffurf gwartheg, ac yn ôl y Gyfraith Gymreig yn y ddeuddegfed ganrif, rhaid oedd talu dirwy o ddeuddeg buwch neu dair

Mynaich Sistersaidd yn aredig, oddeutu'r bedwaredd ganrif ar ddeg

Cistercian monks ploughing, circa 14th century

Cattle as Currency

Cattle were valuable, not only for their produce, but also because the number of oxen was a measure of the owner and his family's wealth. In Ireland six heifers, or three milking cows, were equal in value to a slave girl (*cumal*). The term *cumal* later became a measure of land etc. Here in Wales it is no accident that the word *cyfalaf* (capital) came from the word *alaf* for a herd of cows. Taxes were paid to the Romans in the form of cattle, grain and ores. A thousand years later the Normans received their taxes in the form of cattle, and according to Welsh Law of the 12th century the fine for robbery or for assault was twelve cows or three pounds. For lesser crimes, the most common fine was three cows or one hundred and eighty pence. The practise of using cattle as currency continues in parts of Africa today.

Ploughing and Welsh Law

Welsh agriculture seems to have continued relatively unchanged following the departure of the Romans, whereas to the east, every new influx of people, be they Angles, Saxons or Vikings brought their own cattle and agricultural practices. However there was still a great local and regional variety of farming methods in Wales and we can trace a considerable development from the Age of Saints to the end of the Middle Ages.

We can obtain a fair indication of ploughing methods and cattle husbandry in Medieval Wales in the different versions of the Laws of Hywel Dda. For example, they describe more than one method of yoking oxen. The yoke could vary greatly in length, giving the 4 foot short-yoke, the 8 foot second-yoke, the 12 foot yoke known as *geseiliau* and the 16 foot long-yoke. The fact that, in our 'modern' feet, these measurements would be 3 ft., 6 ft., 9 ft. and 12 ft., gives some indication of the size of the cattle of the period – they would have been similar to the little Irish Dexters! Using this method the oxen would be placed side by side in twos, fours, sixes or eights, and sometimes four-oxen yokes would be placed one in front of the other, or a short-yoke placed ahead of a four-oxen yoke when a team of six was needed.

Another method of yoking was to place twos in front of each other, forming a long-team that could vary in the number of twos. The Law also describe the methods of linking the oxen to the yoke – either to the neck or the horns. It was usual to link to the horns when drawing a wagon because, although uncomfortable for the oxen, it enabled the beast to

punt am ladrad neu drais. Am droseddau llai, y ddirwy yn aml fyddai tair buwch neu nawugain (180) ceiniog. Mae'r arfer o ddefnyddio gwartheg fel tâl yn parhau mewn rhannau o Affrica hyd heddiw.

Aredig a'r Gyfraith Gymreig

Mae'n debyg i'r gyfundrefn amaethyddol yma yng Nghymru aros yn weddol ddigyfnewid wedi ymadawiad y Rhufeiniaid, ond yn Lloegr deuai pob mewnlifiad newydd – boed yn Angliaid, Sacsoniaid neu Lychlynwyr – â'u gwartheg a'u harferion amaethyddol eu hunain. Eto fyth, roedd llu o amrywiaethau yn y dulliau Cymreig o amaethu a bu cryn ddatblygiad o Oes y Seintiau i ddiwedd y Canol Oesoedd.

Cawn argraff eitha da o'r dulliau aredig a thrin gwartheg a arferid gan Gymry'r cyfnodau hyn yn y gwahanol fersiynau o Gyfraith Hywel Dda. Yno, er enghraifft, disgrifir mwy nag un dull o ieuo ychen. Gallai'r iau amrywio'n arw yn ei hyd a cheid y fer-iau 4 troedfedd, yr ail-iau 8 troedfedd, y geseiliau 12 troedfedd a'r hir-iau oedd yn 16 troedfedd. O ystyried mai 3tr., 6tr., 9tr. a 12tr. fuasai'r mesuriadau hyn yn ein troedfeddi modern (!) ni, gwelwn pa mor fychan oedd gwartheg y cyfnod – roeddent yn debyg i'r Dexters bychain o Iwerddon! Yn ôl y dull hwn byddai'r ychen yn gyfochrog, yn ddeuoedd, yn bedwaroedd, yn chwechoedd neu'n wythoedd, ac weithiau gosodid dau bâr o geseiliau pedwar-ychen un o flaen y llall, neu fer-iau o flaen y geseiliau os mai dim ond chwech oedd yn y wedd.

Dull arall o ieuo oedd gosod deuoedd un o flaen y llall gan ffurfio'r hyn a elwid yn hir-wedd, a allasai amrywio yn nifer y deuoedd. Disgrifia Cyfraith Hywel hefyd y dulliau o gysylltu'r ychen i'r iau – un ai i'r gwar neu i'r cyrn. Arferid cysylltu i'r cyrn wrth dynnu wagen oherwydd roedd hyn, er yn anghyffyrddus i'r ychen, yn eu galluogi i ddal yn ôl yn llawer haws wrth fynd i lawr allt.

Amrywiai nifer yr ychen a ieuid o ardal i ardal, gan ddibynnu ar ansawdd y tir. Yn 1287 gosododd Esgob Tyddewi ddeddf mai wyth ychen oedd i dynnu pob un o'r 32 aradr ar ystadau'r esgobaeth, ond ym Morgannwg, chwech oedd yn fwy arferol. Mewn ardaloedd eraill, yn ôl Gerallt Gymro yn y ddeuddegfed ganrif, ceid dau neu bedwar ychen yn yr ardaloedd mwy mynyddig, ac wyth mewn rhannau o Fôn a thiroedd breision eraill. Yng nghyfnod Gerallt roedd yr ieuau hirion lle ceid chwech neu wyth ychen cyfochrog wedi peidio â bod, ond roedd y rhai pedwar-ychen cyfochrog yn dal yn gryf ac i barhau tan oddeutu 1530.

hold the wagon back as it descended a hill.

The number of yoked oxen varied from region to region, depending on the quality of the land. In 1287 the Bishop of St David's decreed that eight oxen were to draw each of the thirty-two ploughs on the estates owned by the diocese while the most usual number in Glamorgan was six. In other areas, according to Geraldus Cambrensis in the 12th century, two to six oxen were used in the mountainous areas, and eight in parts of Anglesey and on other areas of rich soils. By the time of Geraldus the long-yoke of six or eight oxen had disappeared, but the four oxen (side by side) yoke was still common and continued until about 1530. Giraldus also noted that some mixed teams were used, yoking oxen and horses together.

Another important aspect of working the land was the system of co-operation. Oxen were contributed to the team by different owners as were the ploughshare and the body of the plough, and two men were needed to do the work – the caller who called the team forward and the ploughman between the horns of the plough. The law ensured fairness to

Buwch o frîd y fuwch wyllt o Hwlffordd, Penfro. Cysylltir gwartheg Dinefwr â'r gwartheg gwynion hyn. (Paentiad gan Shiels.)

A cow from the wild or forest breed from Haverfordwest, Pembroke. Dinefwr cattle are connected with this breed. (Painting by Shiels.)

Nododd Gerallt hefyd fod rhai gweddoedd cymysg ar gael, lle ieuid ychen a cheffylau gyda'i gilydd.

Nodwedd bwysig o drin y tir oedd y dull cydweithredol o weithio. Cyfrennid yr ychen i'r wedd, y swch, a chorff yr aradr gan wahanol berchnogion ac roedd angen llafur dau ŵr i'w gweithio – y geilwad a alwai'r wedd yn ei blaen a'r aradrwr rhwng cyrn yr aradr. Byddai'r gyfraith yn sicrhau tegwch i bob un yn ôl natur eu cyfraniad. Elai'r aradr a'r ychen i weithio ar diroedd pob un yn ei dro, yn debyg ar un olwg i gylchdaith y dyrnwr ynghanol yr ugeinfed ganrif. Ceir nifer o gywyddau o'r Canol Oesoedd yn gofyn i wahanol bobl gyfrannu eu hychen, offer neu lafur ar gyfer aredig a cheir disgrifiadau diddorol o nodweddion yr ychen.

Mathau o Wartheg yn ein Llên

Fel y gellid disgwyl ceir cyfeiriadau niferus yng nghyfraith a llenyddiaeth gynnar Cymru, ac yn ein llên gwerin hefyd at yr amrywiaeth yn y mathau o wartheg. Ceir sôn yn stori Culhwch ac Olwen, ac mewn amryw o chwedlau lleol, am yr ychen bannog (bannog = hir eu cyrn), a oedd yn anferth ac yn anhygoel o gryf. Tybed a oedd hwn yn gyfeiriad, yng nghof gwerin, at fual gwyllt yr Oes Efydd?

Enghraifft arall nodedig iawn yw chwedl Llyn y Fan Fach, a gysylltir, yn ôl cyd-destun y stori, â'r ddeuddegfed ganrif, ond bod y disgrifiad o'r gwartheg ynddi yn llawer iawn hŷn, ac wedi ei asio ati:

Mu wlfrech, moelfrech,
Mu olfrech, Gwynfrech,
Pedair cae tonn-frech,
Yr hen wynebwen,
A'r las Geingen,
Gyda'r Tarw Gwyn
O lys y Brenin,
A'r llo du bach,
Sydd ar y bach,
Dere dithe, yn iach adre!

Pedwar eidion glas
Sydd ar y maes,

Mae olion hen fridiau canoloesol ar frîd gwartheg gwynion Chillingham. Llun: Syr Edwin Landseer, 1867.

Old mediaeval characteristics are visible in the Chillingham white cattle breed. Picture: Sir Edwin Landseer,

all in accordance with the nature of their contribution. The plough and oxen would work each contributor's land in turn, in some way resembling the journey of the threshing machine during the 20th century. There are a number of *cywyddau* (a form of strict meter Welsh poetry) from the Middle Ages asking people to contribute their oxen, equipment or labour to plough and some contain interesting descriptions of the oxen.

Types of Cattle in Welsh Literature

As expected, there are numerous references in early Welsh law and literature, as there are in folk tales, to the various types of cattle. There is a description in the story of Culhwch and Olwen, and in various local legends, of the gigantic and incredibly strong *ychen bannog* (long-horned oxen). Was this possibly a reference, through folk memory, to the wild auroch of the Bronze Age?

Another notable example is the legend of Llyn y Fan Fach linked, according to the story's historical context, to the 12th century, although the cattle descriptions are far older and have been incorporated into the later story:

Mu wlfrech, moelfrech,	Speckle faced cattle, polled and speckled
Mu olfrech, Gwynfrech,	Speckle rumped cattle, speckled-white
Pedair cae tonn-frech,	Four fields of broken-speckled,

Gwartheg Morgannwg ym Margam *Glamorgan cattle at Margam*

Deuwch chwithe
Yn iach adre!

Ceir yma gymysgedd diddorol iawn o wartheg brychion, gwynion, duon, a gleision (llwydion), yn ogystal â rhai moelion (di-gorn), wynepwen, a tharw gwyn o lys y Brenin (Dinefwr mae'n debyg). Cyfeirir at wartheg moelion yn Llyfr Taliesin ac yng Nghyfraith Hywel a hefyd at wartheg moelion a rhai byrgorn yn yr olaf.

Cawn yr argraff fod gwartheg y Canol Oesoedd yn amrywiol iawn o ran lliw a ffurf, ond go brin y gallasent fod fel arall mewn gwirionedd oherwydd mai meysydd agored oedd yr arfer yn hytrach na chaeau a byddai'n anodd iawn i reoli epilio ac atal cymysgu.

Daw cryn dipyn o dystiolaeth am liwiau gwartheg Cymru hyd ddiwedd yr unfed ganrif ar bymtheg o'r cywyddau. Lliwiau'r teirw a ddisgrifir amlaf a cheir cyfeiriadau at rai duon yn bur aml yn ogystal â rhai du rhonwyn (h.y. efo cynffon wen), coch (o Forgannwg), a thrilliw (o Lanbryn-mair). Anifeiliaid llydan, trwm oedd dewis deirw y cyfnod ac fe'u cyffelybir i das, i dŷ to rhedyn, i gist, i goffr ddillad ac â dwyfron fawr ddofn 'llaesgron fel ysgraff' chwedl Tudur Penllyn. Mae disgrifiadau o fuchod yn brinnach, ond fe ymddengys bod rhai brown, a adwaenir fel

Buwch Morgannwg *Glamorgan cow*

Yr hen wynebwen,	The old white-face,
A'r las Geingen,	And the blue roan belted
Gyda'r Tarw Gwyn	With the White Bull
O lys y Brenin,	From the King's court,
A'r llo du bach,	And the little black calf,
Sydd ar y bach,	That is on the hook,
Dere dithe, yn iach adre!	Come you as well, healthily home!
Pedwar eidion glas	Four blue bullocks
Sydd ar y maes,	Out on the meadow,
Deuwch chwithe	You come as well
Yn iach adre!	Healthily home!

This is a fascinating mixture of speckled cattle, white, black, blue (roan), as well as polled (without horns), white faced, and a white bull from the King's court (probably Dinefwr). There are references to polled cattle in the Book of Taliesin and in the Laws and also to shorthorn cattle in the Laws.

We get the impression that cattle during the Middle Ages varied greatly in colour and form. However, this would be expected since open meadows were the norm rather than enclosed fields, making it difficult to control breeding and stop the different types from mixing.

Buwch wen Rhedyncochion, Dolgellau

White cow at Rhedyncochion, Dolgellau

buchod 'cwrw a llaeth' oherwydd eu lliwiau (Maesyfed), a rhai cochion a choch wynepwen (Morgannwg).

Ategir yr hyn a ddywedir yn y cywyddau am liwiau'r gwartheg yn llyfrau tollau'r ffeiriau. Ceir enghraifft dda yng nghofnodion ffeiriau o ogledd Penfro – yn Eglwyswrw, 1599-1602, a Threfdraeth, 1603. Gyda'i gilydd fe werthwyd 805 o wartheg a disgrifir lliwiau 767 ohonynt fel a ganlyn:

Du	454	59.2%
Du â pheth gwyn, e.e. wynepwen, gwyn hyd y cefn, bolwyn, brithwyn	11	1.5%
Brown	103	13.4%
Brown â pheth du, neu â gwyn ar hyd y cefn	4	0.5%
Coch	100	3.0%
Coch wynepwen, neu frithgoch, neu frychgoch	9	1.2%
Brych	74	9.7%
Brych wynepwen, neu gefn gwyn	3	0.4%
Melyn	4	0.5%
Llwyd	3	0.4%
Gwyn	1	0.1%
Dwn	1	0.1%

Buwch las, Ganllwyd *A blue roan cow, Ganllwyd*

The *cywyddau* are a good source of information about the colour of Welsh cattle until the end of the 16th century. It was the bulls that were most often described, and the most often mentioned colour was black, with some black with a white tail, red (from Glamorgan) and three coloured (from Llanbryn-mair). The animals most admired at this time were wide and heavy and were likened to a haystack, to a fern roofed house, to a chest, to a clothes coffer, and in one case with two large deep breasts 'deep and round like a barge' according to Tudur Penllyn. Descriptions of cows are rarer, but it seems that there were some brown ones, known as 'beer and milk cows' on account of their colour (Radnorshire), and others that were red or red with white faces (Glamorgan).

The descriptions in the *cywyddau* of cattle colours agree with the village/town fair toll-books. There are good examples from north Pembrokeshire – in Eglwyswrw from 1599-1602, and Trefdraeth from 1603. Together, 805 cattle were sold at these fairs and the colours of 767 of them are described as follows:

Black	454	59.2%
Black with some white, e.g. face, along the back, belly, with white patches	11	1.5%

Buwch genglog, Beddcoediwr, Dolgellau

Belted black cow, Beddcoediwr, Dolgellau

Yn y gogledd cawn enghreifftiau mewn ewyllysiau o heffer frech (Llansannan, 1567), buwch gornwen, buwch â phluen wen, buwch ddu â chyrn meinion (Llandrillo-yn-Rhos, 1643/4), heffer winau, a buwch drwynwen (Llansannan, 1700). Disgrifir y gwartheg a yrrai porthmyn o dde Ceredigion yn y bedwaredd ganrif ar bymtheg mewn cân o waith E. D. Davies, Llan-crwys:

O Lanarth, o Lambed, Ffair Rhos a Thalsarn
O Ledrod, Llandalis y delent yn garn;
O ffeiriau Llanbyther, Penuwch a Chross Inn,
Da duon, da gleision, ac ambell un gwyn.

O'r ddeunawfed a'r bedwaredd ganrif ar bymtheg goroesodd nifer o'r tribannau a genid gan y geilwaid i annog yr ychen yn eu blaenau. Cawn enwau a disgrifiadau o'r anifeiliaid yn rhai ohonynt:

Llo cefnwyn, morfa Mawddach, Dolgellau

A lineback calf, Mawddach marshes, Dolgellau

Brown	103	13.4%
Brown with some black, or with white on back	4	0.5%
Red	100	13%
Red with white face, red patches or speckled red	9	1.2%
Speckled	74	9.7%
Speckled with white face, or white back	3	0.4%
Yellow	4	0.5%
Grey	3	0.4%
White	1	0.1%
Dun	1	0.1%

In the north there are examples mentioned in wills of a speckled heifer (Llansannan, 1567); a white horned cow, a cow with a white feather, a black cow with slim horns (Llandrillo-yn-Rhos / Rhos-on-Sea, 1643/4); a chestnut heifer and a white nosed cow (Llansannan 1700). A song by E.D. Davies, Llan-crwys described the cattle that drovers used to drive from south Cardiganshire in the 19th century:

Buches Ddu Gymreig yn Nyffryn Mymbyr, 1990

A Welsh Black herd on the mountain side at Dyffryn Mymbyr, 1990

Dau ych yw Silc a Sowin,
Un yn goch a'r llall yn felyn;
Pan yn aredig yn eu chwys
Hwy dorrai gwys i'r blewyn.

Ma'n bengrych ac yn benwyn
'Run lliw â'r eira claerwyn,
Ma cyrn yn ddwylath ar ei ben
Gan Fwynyn Penrhiw-menyn.

Ceir enwau megis Moelyn, Mab y Fall, Siencyn, Mwynyn, Carlwm, Trwyngoch, Hirgorn, a Corniog yn nhribannau Glyn-nedd. Byddai enwau'r Apostolion hefyd yn boblogaidd fel enwau i'r ychen. Dechreuodd ceffylau ddisodli'r ychen aredig tua diwedd y ddeunawfed ganrif a chofnodir mai yn 1889 y bu i'r wedd ychen olaf ym Morgannwg orffen gweithio.

Gwartheg Penfro – darlun gan Shiels

Pembrokeshire cattle – painting by Shiels

O Lanarth, o Lambed, Ffair Rhos a Thalsarn
O Ledrod, Llandalis y delent yn garn;
O ffeiriau Llanbyther, Penuwch a Chros Inn,
Da duon, da gleision, ac ambell un gwyn.

(From Llanarth, from Lampeter, Ffair Rhos and Talsarn
From Lledrod, Llandalis, they came on their hooves,
From the fairs of Llanybydder, Penuwch and Cross Inn,
Black cattle, blue cattle, and one or two white.)

Many of the *Tribannau* (a poetic metre popular in Glamorgan) that the callers sang during the 18th and 19th centuries to encourage the oxen forwards have survived. There are, in some of them, some animal names and descriptions:

Paentiad o wartheg Cymreig Robert Vaughan, Nannau, Dolgellau gan Daniel Clowes, 1825. Mae'r nodweddion yn amlwg – digon o gig eidion a hefyd y gallu i laetha'n dda.

A painting of Welsh cattle on Robert Vaughan's estate, Nannau, Dolgellau by Daniel Clowes, 1825. The characteristics are obvious – a good beefing potential and also the ability to produce plenty of milk.

Gwartheg yr Ucheldir

Os oedd ychen yn bwysig i dynnu'r erydr yn y tir gwaelod a llawr y dyffryn, llaeth, caws, menyn, cig, crwyn a chyrn oedd prif gynhyrchion y gwartheg eraill. Symudid y rhain yn dymhorol rhwng Hafod a Hendre, a hynny o gyfnod cynnar iawn a oedd â'i wreiddiau yn yr Oes Efydd ac wedi datblygu'n drefn sefydlog erbyn Oes yr Haearn.

Roedd rhod y flwyddyn gyfan yn troi o gwmpas y gweithgareddau tymhorol, ac roedd ymfudo rhwng Hafod a Hendre yn ganolog i hynny. Pennid dyddiadau'r ymfudiad gan y gyfraith, a phetai unrhyw un yn symud o flaen y lleill, gan ddwyn mantais blaendwf y borfa, rhaid fyddai talu iawndal i'r teuluoedd eraill. Ar y mynydd arferid bugeilio'r gyrroedd a'u symud o le i le i wneud y llawn ddefnydd o'r porfeydd. Cedwid geifr a defaid hefyd – rhyw dair i bum dafad am bob dwy fuwch yn ôl un amcangyfrif o stoc y Canol Oesoedd.

Amrywiai niferoedd y stoc, fel y gellid disgwyl, yn ôl ardal ac amgylchiadau. Yn 1300, cadwai ffermwyr yng Ngwynedd ryw dair buwch, dau ych, ceffyl a hanner dwsin o ddefaid, ac ar 650 acer o ucheldir yn Hafod Elwy ar Hiraethog cedwid 180 o anifeiliaid yn 1334. Yn 1571 roedd Morus Wynn yn berchen ar 1209 o wartheg a 1490 o ddefaid ar ei

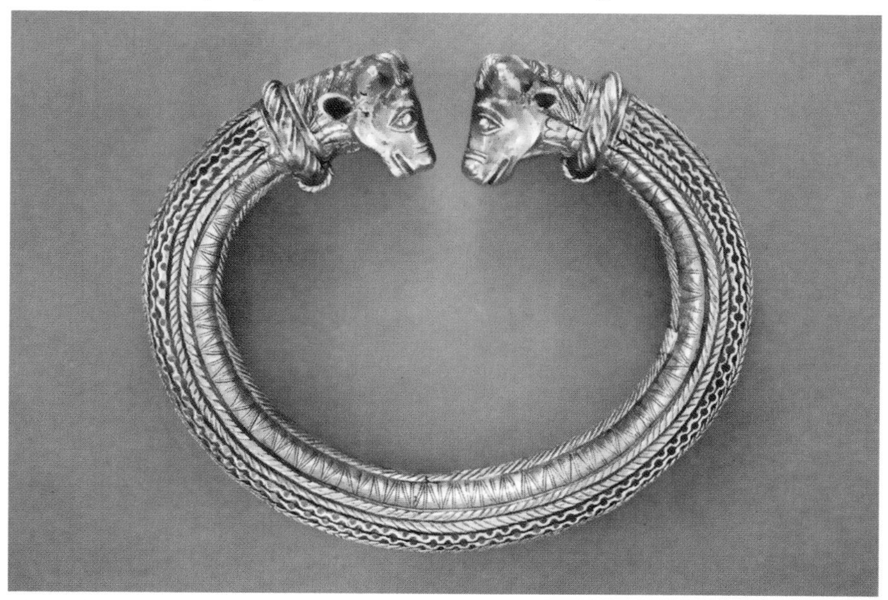

Torch Celtaidd o Würtemberg gyda phennau teirw ar ei ddeupen

A Celtic torque from Würtemberg depicting bulls' heads

Dau ych yw Silc a Sowin,	Two oxen are Silc and Sowin,
Un yn goch a'r llall yn felyn;	One is red the other yellow;
Pan yn aredig yn eu chwys	When ploughing in their sweat
Hwy dorrai gwys i'r blewyn.	They cut a perfect furrow.
Ma'n bengrych ac yn benwyn	They are crinkly-faced and white faced
'Run lliw â'r eira claerwyn,	The same colour as the sparkling snow,
Ma cyrn yn ddwylath ar ei ben	And six foot long horns on his head
Gan Fwynyn Penrhiw-menyn.	Has Mwynyn Penrhiw-menyn.

Names such as Moelyn, Mab y Fall, Siencyn, Mwynyn, Carlwm, Trwyngoch, Hirgorn and Corniog could be found in the *Tribannau* of Glyn Neath. Naming the oxen after the Apostles was also common practise. Horses began to take over from the oxen towards the end of the 18th century, and it is recorded that the last team of working oxen in Glamorgan finished in 1889.

Cattle in the Uplands

If oxen were important to draw the plough on the lowlands and in the valley floors, the main produce of the other cattle were milk, cheese, butter, meat, skin and horn. These cattle were moved seasonally between *Hafod* and *Hendre* from a very early period with its roots in the Bronze Age. It had become a well established system by the Iron Age.

The whole year turned around the seasonal wheel of activities and the migration between *Hafod* and *Hendre* was central to it all. The dates for migrating were set by the law, and anyone who moved before the others and, in doing so, gained the better pasture, had to pay compensation to the other families. The herds were shepherded on the mountains, being moved around to get the best of the pasture. Goats and sheep were also kept – between three and five sheep to every two cows by the end of the Middle Ages.

As is to be expected, the number of stock varied according to region and circumstances. In 1300, farmers in Gwynedd kept around three cows, two oxen, a horse, half a dozen sheep, while on 650 acres of upland at Hafod Elwy in Hiraethog, a total of 180 animals in 1334. By 1571 Morus Wynn owned 1209 head of cattle and 1490 sheep on his eight farms in Dolwyddelan and the stock owned by his son, Sion Wynn of Gwydir, exceeded even this.

The *Hafod* and *Hendre* system prevailed until the Tudor period, but weakened considerably with the end of Welsh Law in 1536 and 1542, and

wyth fferm yn Nolwyddelan ac roedd stoc ei fab, Sion Wynn o Wydir, yn fwy fyth.

Parhaodd cyfundrefn yr Hafod a'r Hendre yn gyffredin iawn tan gyfnod y Tuduriaid, ond gwanio'n sylweddol wnaeth wedyn yn sgîl diddymu'r Gyfraith Gymreig yn 1536/42 a'r newidiadau a ddilynodd ym mhatrwm defnydd tir. Erbyn y 1690au, yn ôl y naturiaethwr a'r hanesydd Edward Llwyd, roedd y teuluoedd a symudai'n dymhorol yn gyfyngedig i ardaloedd yr Wyddfa a Chader Idris. Roedd bron â diflannu'n llwyr erbyn 1800 a pheidiodd yr olaf un yng Nghwm Dyli yn y 1870au.

Tan ddechrau'r unfed ganrif ar bymtheg roedd llawer iawn o diroedd agored, ond roedd bron y cwbwl o dir gwaelod Cymru wedi ei gau â chloddiau erbyn 1640. Nododd Rice Meyrick yn 1578 y gallasai gwartheg gyrraedd y môr yn ddirwystr o rannau helaeth o dde Morgannwg ddwy genhedlaeth ynghynt, ond nid bellach. Yn yr un cyfnod cynyddodd poblogaeth plwyfi'r ucheldir bedair gwaith oherwydd sgwatio ar y tiroedd comin a throi llawer o Hafotai yn ffermydd annibynnol.

Ychydig iawn o wybodaeth sydd gennym cyn y ddeunawfed ganrif am y modd y cedwid y gwartheg dros y gaeaf. Gallwn fod yn weddol sicr y cedwid llawer ohonynt i mewn, yn enwedig yr ychen aredig. Gwelwn hyn yn adeiladwaith y tŷ hir traddodiadol, efo'r gwartheg yn un pen iddo, a dengys archeoleg hefyd fod beudy bychan yn gyffredin ar safleoedd ffermydd y Canol Oesoedd. Erbyn y ddeunawfed ganrif daeth beudai unigol wedi eu gwasgaru ar y ffriddoedd yn gyffredin, a chedwid anifeiliaid ynddynt am eu tail yn ogystal â'u cynhyrchion eraill.

O Ragfyr i Fai y cedwid y gwartheg i mewn yn yr ail ganrif ar bymtheg a dechrau'r ddeunawfed ganrif, ac yna, o ganol y ddeunawfed ganrif, o Ddiolchgarwch (y trydydd dydd Llun yn Hydref) neu G'langaeaf hyd G'lanmai. Dim ond o ganol y bedwaredd ganrif ar bymtheg y cedwid y gwartheg i gyd dan do dros y gaeaf.

Y Farchnad Rhwng Cymru a Lloegr hyd at 1700

Mae'n debyg bod y farchnad wartheg rhwng Cymru a Lloegr yn dyddio'n ôl cyn gynhared â'r ddegfed ganrif ac efallai ynghynt, pryd elai'r Cymry â gwartheg i'w marchnata i'r Sacsoniaid mewn marchnadleoedd arbennig ar Glawdd Offa. Gwelir y cyfeiriadau cynharaf yng Nghymru at borthmyn yn y Stentiau Treth Normanaidd yn Nefyn yn 1292-3 ac yn Llanbedr Pont Steffan tua'r un dyddiad. Gwelwn yr enw Tegwared Porthmon fel tenant yng nghwmwd Menai yn 1418-9.

Yn 1312, gyrrwyd saith gant o wartheg Cymreig at wasanaeth ceginau

the resulting changes in the pattern of land use. By the 1690s, according to the naturalist and historian Edward Lhuyd, families that continued to migrate seasonally could only be found on Snowdon and Cadair Idris. The practise had almost totally disappeared by 1800 and the very last instance was in Cwm Dyli in the 1870s.

Until the beginning of the 16th century the majority of the land was open, but by 1640 almost all the lowland of Wales had been enclosed within walls. Rice Meyrick noted in 1578 that only two generations earlier, cattle could reach the sea without any obstacle from most parts of southern Glamorgan, but was now no longer the case. In the same period the population of the upland parishes quadrupled because of squatting on common land and many of the *Hafotai* (summer dwellings) becoming independent farms.

There is very little information about the method of how cattle were wintered before the 18th century. We can assume with some certainty that many were kept indoors, especially the ploughing oxen. We see this in the architecture of the traditional long house, where the cattle were kept at one end of the building. Archaeology has also revealed that a small cowshed was common on Middle Ages farm sites. By the 18th

'Y Porthmyn Cymreig'
(llun: H. Tennant)

'The Welsh Drovers'
(painting: H. Tennant)

brenin Lloegr yn Windsor, ac mae'n debyg i borthmyn o Gymru o hynny ymlaen fanteisio ar y Warant Frenhinol i gyflenwi llawer o dai bonedd mawrion yn ogystal. Yn ystod y Rhyfel Can Mlynedd rhwng Lloegr a Ffrainc (1337-1443) byddai cwnstabliaid y cestyll Cymreig yn prynu gwartheg i'w gyrru i borthladdoedd de Lloegr i'w lladd a'u halltu ar gyfer y byddinoedd Seisnig a Chymreig a ymladdai yn Ffrainc. Datblygodd marchnad yn rhai o ffeiriau Lloegr hefyd a cheir sôn am wartheg o Gymru yn ffeiriau Caer a hyd yn oed Barnet yn y bedwaredd ganrif ar ddeg. Eithriad nodedig i hynny oedd adeg rhyfel annibyniaeth Owain Glyndŵr pan geisiodd y Saeson wahardd mewnforio anifeiliaid o Gymru fel gwarchae economaidd yn ein herbyn am gyfnod.

Erbyn 1445 roedd gwartheg Cymreig yn cael eu gwerthu yn ffair Birmingham ac yn 1463 ceir cyfeiriad at yrru 33 o wartheg o Wrecsam i Suffolk. Yna daeth hwb sylweddol i'r farchnad anifeiliaid o Gymru yn sgîl llwyddiant Harri Tudur ym Mosworth yn 1485. Rhoddodd Harri swyddi i nifer o'i gefnogwyr Cymreig yn ei lywodraeth newydd yn Llundain. Buan y gwelodd y rhain gyfle i fanteisio ar eu sefyllfa a threfnu i wartheg o'u stadau gartref gael eu gyrru atynt i Lundain i'w gwerthu. Roedd hyn yn ddull cyfleus o drosglwyddo arian rhenti atynt 'ar droed'.

chwith – Gwartheg duon ym Marchnad Northampton cyn 1873
de – Porthmyn Cymreig, 1870au

leftt – Black cattle in Northampton market before 1873
right – Welsh drovers, 1870s

century it was common to have single cowsheds scattered around the *ffriddoedd* or mountain pastures (*ffridd* – the land closest to, but below, the mountain wall), and animals were kept in them for their manure as well as their other produce.

During the 17th century and early 18th century, cattle were kept indoors from December until May. From the middle of the 18th century, they were kept in from Thanksgiving (the third Monday in October) or All Saints Day until May Day. Only since the middle of the 19th century has it been common to winter all the cattle indoors.

Trade between Wales and England up to 1700

It is likely that the trade in cattle between Wales and England dates back to the 10th century and probably earlier, when the Welsh took their cattle to be sold to the Saxons at special market places along Offa's Dyke. The first references to drovers are to be found in Norman Tax Extents from Nefyn in 1292-3 and Lampeter around the same date. The name of Tegwared Porthmon (Tegwared Drover) was recorded as a tenant in the commote of Menai in 1418-9.

In 1312, 700 head of Welsh cattle were sent to the kitchens of the king of England at Windsor, and it is likely that drovers from Wales then took advantage of the Royal Warrant to supply many of the large aristocratic houses as well. During the Hundred Years War between England and France (1337-1443) the Constables of castles in Wales purchased cattle to be sent to ports on the south coast of England, where they were killed and salted for the English and Welsh armies fighting in France. A market was also developing in some English fairs, and there are records of cattle from Wales in Chester fair and even as far away as Barnet during the 14th century. This was brought to a halt for a time during Owain Glyndŵr's battle for Welsh independence, when the English tried to ban imports from Wales as an economic sanction against the country.

Cattle from Wales were being sold in Birmingham by 1445 however, and there is a reference from 1463 of thirty-three cattle being sent from Wrexham to Suffolk. Trade received a considerable boost with Henry Tudor's success at Bosworth in 1485. Henry awarded many of his Welsh supporters with posts in his new government in London. They were quick to seize the opportunity to have cattle sent to them from their estates in Wales to sell in the city's markets – a convenient method of transferring rent money 'on the hoof' to London.

Following the 1536 and 1542 Acts of Union, political and economic

Wedi Deddfau Uno 1536 ac 1542 tynhawyd y cysylltiadau gwleidyddol ac economaidd rhwng Cymru a Lloegr a diddymwyd rhai o'r gwaharddiadau cyfreithiol a fodolai tan hynny yn erbyn y Cymry. O ganlyniad daeth yn oes aur i'r porthmyn Cymreig. Gallent fanteisio ar y prisiau da am anifeiliaid yn y trefi marchnad poblog megis Bryste, Birmingham, Manceinion a Northampton. Ceir tystiolaeth o hyn o wahanol ffynonellau. Er enghraifft, yng nghofnodion marchnad Amwythig 1563-1600 gwelwn fel y deuai gwartheg yno o siroedd Trefaldwyn, y Fflint a Chaernarfon. Ceir enghreifftiau mewn ambell gownt teulu bonedd hefyd, megis gwartheg, defaid a da pluog yn mynd o Gymru at Iarll Caerlŷr yn Kenilworth yn 1575, a gwartheg i'r Arglwydd Dudley yng Nghaint yn 1584. Disgrifir yn nyddiaduron John Dee, a oedd yn ymgynghorwr i Elisabeth I, fel yr aeth ei was fwy nag unwaith i Gymru i nôl gwartheg, ac ar ôl apwyntiad Dee yn Warden Manceinion yn 1596 fel y gyrrwyd gwartheg iddo oddi wrth ei berthnasau yng Ngheredigion fis Medi'r flwyddyn honno.

Gwelwn ym mhapurau teulu Wynniaid Gwydir gyfeiriadau at brisiau gwartheg, cyflogau'r gyrwyr a'r ffeiriau y deliwyd ynddynt. Yn 1607 gofynnwyd i Syr John Wynn brynu gwartheg ar ran Elisabeth Spencer a'u gyrru i Loegr gyda phorthmyn. Yn 1624 derbyniodd y newydd bod gŵr o Gaint, a fu'n prynu gwartheg cyn hyn yn sir Benfro, am brynu ganddo.

Defaid a gwartheg yn cyrraedd marchnad Eastcheap, Llundain, 1598. Siopau cigyddion sydd ar ochr bella'r stryd.

Sheep and cattle in the market of Eastcheap, London, 1598. The opposite side of the street is lined with butchers' shops.

links between Wales and England were tightened and some legal prohibitions against the Welsh were ended. This heralded a golden age for the Welsh drovers. They were able to take advantage of the high prices offered for their animals in large population centres such as Bristol, Birmingham, Manchester and Northampton. There are many sources of evidence. For example, Shrewsbury market records between 1563 and 1600 show that cattle were brought there from the counties of Montgomery, Fflint and Caernarfon. The accounts of some aristocratic families also offer evidence, such as cattle and fowls being sent from Wales to the Earl of Leicester at Kenilworth in 1575, and cattle to Lord Dudley in Kent in 1584. John Dee's diaries, while he was a councillor to Elizabeth I, describe how his servant on more than one occasion came to fetch cattle from Wales. Following his appointment as Warden of Manchester in 1596, there are accounts of his receiving cattle from his relatives in Ceredigion during September that year.

The papers of the Wynn's of Gwydir refer to cattle prices, driver wages and the fairs in which they dealt. Sir John Wynn was requested in 1607 to buy cattle on behalf of Elizabeth Spencer, and to send them to England with drovers. In 1624 a buyer from Kent, who had previously

'Y Porthmyn' gan Rowlandson *'The Drovers' by Rowlandson*

Amharodd y Rhyfel Cartref yn Lloegr gryn dipyn ar y fasnach anifeiliaid gan achosi anhawster ariannol i lawer. Yn ei betisiwn at y Tywysog Rupert i ofyn am rwydd hynt i'r porthmyn Cymreig, disgrifiodd yr Esgob John Williams, Conwy y gwartheg fel '*Spanish Fleet* Cymru, yn dod â'r ychydig aur ac arian sydd gennym'. Yn 1644 pan feddiannwyd 900 o wartheg oddi ar borthmyn Cymreig gan y Seneddwyr, talwyd iawndal amdanynt, ac yn 1645 caniatawyd trwydded arbennig i'r porthmyn symud yn ddirwystr rhwng yr un ochr a'r llall – mesur a ddangosai, mewn adeg o ryfel, ddibyniaeth y ddwy ochr fel ei gilydd ar y farchnad anifeiliaid.

Wedi'r rhyfel, gwelwyd teulu'r Wynniaid eto, yn 1670, yn gwerthu 32 o wartheg a 6 *runt* (yr enw ar y gwartheg mynydd bychain) yn Llundain ynghyd â 41 o wartheg, 8 *runt*, 12 heffer a 76 o loeau yn ffair Bush yn Essex, am gyfanswm o £297/4s/6d. Y mis Chwefror canlynol gwerthwyd 219 o anifeiliaid ym marchnadoedd Uxbridge a Maidstone am £470/13s. Cawn amcan o ddefnyddioldeb y gwartheg Cymreig gan John Mortimer yn ei lyfr *Whole Art of Husbandry* (1707): '*A good hardy Sort for fattening on barren or middling Sort of Land are your Angleseys and Welch*'.

Y Chwyldro Diwydiannol

Erbyn dechrau'r ddeunawfed ganrif rydym ar drothwy newidiadau sylweddol yn economïau gwledydd Prydain pan welwyd twf aruthrol mewn diwydiant a masnach ac mewn poblogaeth a safon byw. Dyma gyfnod y Chwyldro Diwydiannol a fyddai'n newid tirlun rhannau helaeth o'r wlad a natur y gymdeithas yn ogystal. Ond ni allasai hyn ddigwydd heb, ar yr un pryd, fod cynnydd sylweddol mewn cynhyrchu bwyd i gynnal twf poblogaeth a oedd hefyd yn mynd yn fwyfwy trefol ei natur. Ystyriwch mai dim ond tua 15% o boblogaeth Cymru oedd yn drefol yn yr unfed ganrif ar bymtheg, ond erbyn 1840 roedd dros 50% yn ddiwydiannol.

Ar ddechrau'r ddeunawfed ganrif rhyw 5.5 miliwn oedd poblogaeth Prydain (Cymru – 0.4m), ond erbyn 1801 roedd bron wedi dyblu i 10.75m (Cymru – 0.6m). Roedd Llundain yn 1801 – y dref fwyaf yn Ewrop – efo dros filiwn yn byw ynddi. Fel y cynyddai cyfoeth y wlad buddsoddwyd llawer o'r cyfalaf diwydiannol a masnachol newydd mewn amaethyddiaeth.

Y Chwyldro Amaethyddol

Datblygodd y Chwyldro Amaethyddol law yn llaw â'r Chwyldro Diwydiannol, a chofiwn am arloeswyr cynnar megis Jethro Tull (1674-

bought cattle from Pembrokeshire, arranged to buy cattle from him.

The English Civil War affected the animal trade causing financial difficulties for many. In his petition to Prince Rupert asking for free-passage for the Welsh drovers, Bishop John Williams of Conwy described the cattle as 'the Spanish Fleet of Wales, bringing what little gold and silver that we have'. In 1644 when the Parliamentarians took possession of 900 cattle from Welsh drovers, they paid them compensation and, in 1645 allowed a special license for the drovers to move unhindered from one side to the other – a measure indicating, during time of war, the dependency of both sides on the animal trade.

Following the war, we find the Wynn family again, in 1670, selling 32 cattle and 6 runts (the name given to small mountain cattle) in London, as well as 41 cattle, 8 runts, 12 heifers and 76 calves at Bush fair in Essex, for a total of £297/4s/6d. The following February they sold 219 animals in markets at Uxbridge and Maidstone for £470/13s. John Mortimer in his book *Whole Art of Husbandry* (1707) gives some indication of the usefulness of Welsh cattle: 'A good hardy Sort for fattening on barren or middling Sort of Land are your Angleseys and Welch'.

The Industrial Revolution

At the beginning of the 18th century we are at the threshold of considerable economic changes in Britain, with enormous industrial and trade growth as well as increases in population and in the standard of living. This was the start of the Industrial Revolution that was to change the landscape of many parts of the country as well as the general nature of society. But this could not happen without a simultaneous and considerable increase in food production to sustain a population explosion that was also becoming increasingly urban in nature. Consider that only about 15% of the population of Wales lived in towns in the 16th century but, by 1840, over 50% were industrial.

At the beginning of the 18th century, the population of Britain was about 5.5 million (Wales – 0.4m), but by 1801 this had nearly doubled to 10.75m (Wales – 0.6m). London in 1801 was the largest city in Europe with over a million souls living within it. As the country's wealth increased, much of the new industrial and commercial capital was invested in agriculture.

1741) a'i ymgais i fecaneiddio'r dulliau o hau a chwynnu. Cyflwynodd yr Arglwydd Townsend, *'Turnip Townsend'* (1674-1738) ddulliau 'newydd' o'r cyfandir o gynhyrchu cnydau, gan ddatblygu'r *'Norfolk 4-course rotation'*. Cafodd yr hwsmonaeth tir newydd hwn effaith sylweddol ar economi Cymru oherwydd yn sgîl y gwelliannau, a'r defnydd o rwdins yn y cylchdro amaethyddol, gallai ffermydd de a chanolbarth Lloegr bellach gadw llawer mwy o anifeiliaid dros y gaeaf, gan gynyddu'r galw am wartheg stôr o Gymru'n aruthrol.

Robert Bakewell (1725-1795) o Gaerlŷr oedd yr enwocaf am wella ansawdd yr anifeiliaid, a chafodd gryn lwyddiant efo defaid yn arbennig yn ogystal â gwartheg, ceffylau a moch. Cyn ei ddyddiau ef credid mai'r ffordd i wella stoc oedd eu bwydo'n well, a'r arferiad oedd gyrru'r goreuon i'r farchnad a chadw'r rhai salaf i fridio. Pa ryfedd fod gwartheg y Canol Oesoedd mor fychan – yn pwyso ond rhyw 320 pwys! Newidiodd hyn yn drawiadol yn y ddeunawfed ganrif a chynyddodd cyfartaledd pwysau'r gwartheg a werthwyd yn Llundain o 370 pwys yn 1710 i 800 pwys yn 1795.

Sylweddolodd Bakewell y gallai didoli gofalus o epil y gwartheg gorau

Porthmyn yn gyrru eu gwartheg o gwmpas Aberglaslyn cyn cau'r môr allan o'r Traeth Mawr, Porthmadog yn 1812

Drovers driving their herd around Aberglaslyn before the tidal waters were kept at bay by Porthmadog's cob in 1812

The Agricultural Revolution

The Agricultural Revolution developed side by side with the Industrial Revolution, and early agricultural pioneers such as Jethro Tull (1674-1741), and his attempts to mechanise the methods of sowing and

Ych Môn (hen brint o'r gyfrol *Cattle*, William Youatt, 1834)

Anglesey ox (old print from the volume Cattle, *William Youatt, 1834)*

weeding, are still remembered. Lord Townsend, 'Turnip Townsend' (1674-1738), introduced new methods of crop production from the continent, developing the 'Norfolk 4-course rotation'. The new land husbandry methods had a considerable influence on the economy of Wales because, with the improvements and the use of turnips in the agricultural rotation, farms in south and central England were able to keep far more animals over the winter, causing a considerable increase in the demand for store cattle from Wales.

Robert Bakewell (1725-1795) of Leicester became famous for his work in improving the quality of animals and had considerable success, mainly with sheep, but also with cattle, horses and pigs. Before his time

a mewnfridio i gadw'r ffurf gorfforol ddewisol arwain at wella rhyfeddol yn y brîd. Doedd dim yn newydd yn hyn oherwydd defnyddid egwyddorion o'r fath ers amser i fridio ceffylau rasio a chŵn rhech i'r byddigion. Daeth dan y lach yn arw gan grefyddwyr a phobl eraill a gredai fod ei ddulliau yn anfoesol, yn bechadurus ac yn anysgrythurol! (Tybed beth fuasent yn ei ddweud am ddulliau'r unfed ganrif ar hugain?) Esgorodd ei lwyddiant ar alwedigaeth newydd – y bridiwr arbenigol o stoc pedigri i'w gwerthu neu i'w llogi i ffermwyr masnachol.

Wrth wella ei wartheg hirgorn ar gyfer cig y llwyddodd Bakewell yn bennaf, trwy ddethol ffurf gorfforol a roddai gyfartaledd uwch o'r cig rhostio gwerthfawr (yn y *joint*) a llai o'r cig berwi salach. Didolai hefyd anifeiliaid a aeddfedai ynghynt a fyddai'n caniatáu i rywun gyflymu'r broses o gynhyrchu a marchnata'r anifeiliaid. Rhaid cofio bod gwartheg y cyfnod, o'u cymharu â'n bridiau cig modern ni sy'n barod i'w lladd yn 14-18 mis oed, yn pesgi'n eithriadol o araf gan gymryd efallai 4-6 blynedd cyn y byddent yn barod.

Erbyn diwedd y ddeunawfed ganrif ceid bridwyr eraill bron ym mhob rhan o'r wlad, yn enwedig yn y tiroedd gwaelod, yn mynd ati i wella eu hanifeiliaid trwy ddethol a chroesi. Defnyddid y gwartheg lleol fel sail, ac am y tro cyntaf sefydlogwyd nodweddion corfforol, megis lliw a phatrwm, i'w diffinio fel bridiau. Cyn bo hir roedd pob un o'r ardaloedd gorau yn cynhyrchu ei brîd ei hun e.e. Henffordd, Devon, Sussex a.y.b. Un o lwyddiannau mawr y cyfnod oedd datblygu brîd y gwartheg Byrgorn Llaethog gan y brodyr Collet yn Swydd Durham.

Ond nid oedd datblygiadau o'r fath mor hawdd ar ucheldiroedd Cymru a thiroedd tebyg yng ngweddill Prydain. Yma, ar y tiroedd ymylol, ystyrid fod corffolaeth fechan a oedd yn aeddfedu'n araf yn addasiad cymwys iawn i hinsawdd anffafriol ac anwadal a phorfa anghynhyrchiol. Credid y byddai gwella'r brîd yn meddalu'r anifeiliaid a'u gwneud yn anghymwys i'w cynefin. Roedd hynny'n ddigon gwir hefyd heb, ar yr un pryd, fynd ati i wella'r hwsmonaeth a'r porthiant, a byddai hynny'n fuddsoddiad drud yn yr ucheldir. Er hynny, bu datblygiadau sylweddol i ennill mwy o dir trwy gau tiroedd comin a chlirio a draenio, yn enwedig o ddiwedd y ddeunawfed ganrif ymlaen. Ond y newid mwyaf a ddigwyddodd i'r stoc o ganlyniad i hyn oedd cynyddu'n aruthrol niferoedd y defaid ar y mynydd-dir, a chyfyngu'r gwartheg bellach yn fwy i'r ffriddoedd.

Aeth rhai stadau ati i arbrofi a gwella ansawdd y gwartheg lle'r oedd

it was believed that the way to improve stock was by feeding them. This led to the best animals being sent to market whilst the poorest were kept to breed. There is little wonder that the cattle of the Middle Ages were so small – weighing only about 320lb! This changed dramatically during the 18th century when the average weight of cattle sold in London increased from 370lb in 1710 to 800lb in 1795.

Bakewell realised that careful selection from the offspring of the best cattle, and inbreeding to maintain the chosen features, led to great improvement of the breed. There was nothing new in this of course since the principle had been used for decades to breed racehorses and lapdogs for the gentry. His methods came under considerable fire from the Church and others, who believed his methods to be unethical, sinful and unscriptural! (One can but wonder what their reaction might be to the methods of the 21st century?) His success created a new calling – that of the specialist breeder of pedigree stock to sell or rent to commercial farmers.

Bakewell was most successful in the process of improving his longhorn cattle for meat production, by selecting a conformation that gave a higher proportion of the valuable roasting meat on the 'joint', as opposed to the poorer boiling meat. He also selected animals that matured earlier, thus shortening the time of producing and selling animals. It is important to realise that the cattle of the period, compared to modern meat breeds that are ready for killing at 14-18 months,

Ych Penfro (hen brint o'r gyfrol *Cattle*, William Youatt, 1834)

Pembrokeshire ox (old print from the volume Cattle*, William Youatt, 1834)*

hynny'n bosib. Bu i'r Cymdeithasau Amaethyddol Sirol, a sefydlwyd trwy Gymru yn hanner olaf y ddeunawfed ganrif a dechrau'r bedwaredd ganrif ar bymtheg, chwarae rhan bwysig trwy ledaenu syniadau a chynnig gwobrau am ddatblygiadau o bob math. Aethpwyd ati i groesi efo bridiau eraill, ond cymysglyd oedd y canlyniadau. Hynny yw, yn llwyddiannus ar y tiroedd gorau ond yn fethiant ar y tiroedd garw. Disgrifia William Youatt yn ei gyfrol *Cattle* (1834) effaith anffafriol croesi ar frîd Môn:

> Cynhaliwyd amryw o arbrofion . . . Daethpwyd â theirw o ardaloedd eraill ond heb fawr o lwyddiant. Roedd dau rwystr yn eu ffordd. Roedd yn anodd cael brîd arall a oedd yn ddigon caled i wrthsefyll hinsawdd a gerwinder Mona; a hyd yn oed pan geid, byddai diffyg cyfatebiaeth rhwng y gwartheg a'r hinsawdd yn golygu na ellid sicrhau gwellhad parhaol. Byddai'r croesiad cyntaf yn creu newid amlwg, ond byddai gwaed Môn fel gwaed Morgannwg yn goruchafu – bridiai'r cynnyrch yn ei ôl, ac, ar ôl rhai cenedlaethau, ceid brîd Môn yn ei ôl, heb fawr o newid, neu, os byddai, fe fyddai er gwaeth, oherwydd collai gyfran o'i galedwch.

Rhaid cofio hefyd fod galw mawr yn Lloegr am y gwartheg Cymreig fel ag yr oeddent. Rhoddai eu caledwch y gallu iddynt i gerdded i bellafoedd Lloegr yn ddidrafferth ac roeddent yn ddeniadol iawn i borwyr y Canolbarth a'r Siroedd Cartref i'w prynu fel anifeiliaid stôr a'u cadw'n rhad allan dros y gaeaf. O'u prynu ar yr adeg a'r oed iawn gallent fod yn broffidiol iawn, gan besgi yn rhyfeddol. Disgrifiodd porthmon o Ysbyty Ifan fel y 'mendiai'r' gwartheg ar diroedd breision Lloegr ' . . . ac yn tewhau cymaint nes bydda'u clustia yn diflannu i'w penna'!

Mae'n debyg bod arfer y porthmyn o fynd o fferm i fferm gan brynu'r goreuon hefyd yn cael effaith, oherwydd, am mai'r prynwr fyddai'n dewis, anodd fyddai dal ar yr anifeiliaid gorau i fridio. Doedd pawb ddim yn gwerthfawrogi y dylsid 'gwerthu'r goreuon, ond cadw'r gorau oll'. Golygai hynny nad oedd cymhelliad mawr iawn i fynd ati i newid y drefn tan y daeth cyfleoedd masnachol newydd yn sgîl dyfodiad y rheilffyrdd o'r 1840au ymlaen.

Gwartheg Cymru yn yr 1830au.

Ceir disgrifiad da o wartheg Cymru yn y cyfnod hwn gan Youatt, (1834):

> . . . y brîd tywyll neu ddu, sydd i'w gael yn bresennol, ac sydd yn gyffredinol trwy'r dywysogaeth . . . Y prif gyfran, a'r mwyaf

fattened amazingly slowly taking maybe four to six years before they were ready.

By the end of the century, other breeders from all over Britain, especially on the lowlands, were improving their stock by selection and cross breeding. Local cattle were used as the base and for the first time bodily characteristics, such as colour and pattern, were used to define a breed. Soon, each of the better areas produced its own breed, e.g. Hereford, Devon, Sussex etc. One of the great successes of the age was the development of the Dairy Shorthorn breed by the Collet brothers of County Durham.

But such developments were not easy in the uplands of Wales and other similar areas of Britain. Here, on the marginal lands, a small body that developed slowly was considered better adapted to a harsh environment and unproductive grazing. It was thought that improving the breed would 'soften' the animals, making them unsuitable for their habitat. This was in itself perfectly true without at the same time improving the level of feed and husbandry, which would be a very expensive investment in the uplands. This said, considerable steps were made to gain more land by enclosing common land, and clearing and draining, especially from the end of the 18th century onwards. But the biggest change in animal husbandry was to substantially increase the number of sheep on the mountains, with the cattle being increasingly

Buwch Morgannwg wynepwen (hen brint o'r gyfrol *Cattle*, William Youatt, 1834)

White faced Glamorgan cow (old print from the volume Cattle, *William Youatt, 1834)*

gwerthfawr . . . yw'r rhai â chyrn canolig. Maent yn fychan eu maint, oherwydd y bwyd prin a gynhyrcha eu mynyddoedd, ond maent yn dangos, ar raddfa fechan, lawer o nodweddion gwartheg Devon, Sussex a Henffordd.

Disgrifia wartheg y gwahanol siroedd:

Penfro: Nid oes gan Brydain Fawr anifail mwy defnyddiol na buwch neu ych Penfro. Maent yn ddu; y mwyafrif ohonynt yn gyfan gwbwl felly; ychydig gyda wynebau gwyn, neu ychydig wyn o gwmpas y gynffon, neu y pwrs . . . Maent yn fyrrach eu coes na'r rhan fwyaf o'r bridiau Cymreig . . . gyda chyrff dyfn a chrwn. Mae eu cig wedi ei fritho (*marbled*) yn hyfryd . . . cystal â chig y gwartheg Scotch ac mae rhai cigyddion yn ei gael yn ddewisach. Maent yn byw lle llwga eraill, ac yn gwella'n gynt na nemor yr un brîd arall ar borfa dda.

Morgannwg: . . . unwaith ag enw da . . . ond erbyn hyn ymhell o'r hyn yr oeddent . . . Adeg y Chwyldro Ffrengig denodd prisiau uchel ŷd ffermwyr Morgannwg i aredig llawer o'u porfeydd gorau, ac esgeuluswyd y gwartheg . . . Roeddent o liw brown tywyll a boliau gwyn a llinell wen ar hyd y cefn o'r ysgwydd i'r gynffon, ond aethant yn dywyllach erbyn hyn (mewn llawer man) trwy groesi gyda gwartheg Penfro . . . Cynhyrchant lawer o laeth, menyn a chaws i'r trefi

Ych Morgannwg (hen brint o'r gyfrol *Cattle*, William Youatt, 1834)

Glamorgan ox (old print from the volume Cattle*, William Youatt, 1834)*

confined to the *ffriddoedd* (pastureland below the mountain wall) from then on.

Some estates experimented and improved the quality of cattle where this was practicable. The County Agricultural Societies that were established throughout Wales in the second half of the 18th century and the early 19th century played an important role in spreading ideas and offered prizes for all kinds of developments. A process of crossing with other breeds was begun, but results were inconsistent. That is, they were successful on good land but not so on the marginal lands. William Youatt in his book *Cattle* (1834) describes the unfavourable effect that cross breeding had on the native breed of Môn (Anglesey):

> Some judicious, and many ill-judged, experiments were tried, in order to restore the pristine excellence of the breed. Bulls from other districts were introduced; but with little good effect. There were two impediments in the way. It was difficult to find another breed sufficiently hardy to withstand the climate and the privations of Mona; and even if such had been found, there seemed to have been such an identity between the cattle and the climate, that little permanent alteration could be accomplished. The first cross effected an evident change, but the Anglesey blood, like that of the Glamorgans, predominated, – the produce bred back, and, after a few generations, we had the Anglesey breed again, scarcely altered, or, if so, for the worse, by being deprived of a portion of its hardihood.

It is also important to note that Welsh cattle were still in great demand in England in their existing form. Their hardiness made them able to walk long distances easily into England, and they were very attractive as store animals to buyers from the Midlands and the Home Counties because they could be wintered outside very cheaply. If bought at the correct time they could be very profitable, becoming incredibly fat. A drover from Ysbyty Ifan described how the mountain cattle improved on the rich English lands ' . . . and they fattened to such an extent that their ears disappeared into their heads'!

It is also possible that the system of the drover visiting different farms to buy the best stock was having a detrimental effect because, since the buyer chose, it was very difficult to withhold such stock for breeding purposes. Everybody did not appreciate that they should 'sell the best, but keep the very best'. Therefore there was very little incentive to change the system until new trade opportunities came with the arrival of

diwydiannol newydd.

Caerfyrddin: Gellir rhannu'r sir i ardaloedd y bryniau a'r dyffrynnoedd ac mae brîd y ddwy ardal yn dra gwahanol. Dengys brîd y bryniau lawer o gymysgedd o Iwerddon. Maent yn fychan, ac fel arfer yn ddu. Maent yn galed ond heb lawer o gig arnynt ac nid ydynt yn godro'n arbennig. Cawsant eu gwella'n arw gan deirw a heffrod o Benfro. Mae brîd y dyffrynnoedd yn fwy . . . ac wedi eu gwella yn arw gan waed Morgannwg.

Ceredigion: Yn perthyn i fridiau Caerfyrddin a Phenfro, neu yn gymysgedd o'r ddau. Mae'r ychydig gig arnynt yn dda iawn. Daw cyfran helaeth o'r gwartheg a besgir yng Nghaint o Geredigion; ac, o eidionau bychain, cânt werthiant parod ym marchnad Llundain.

Brycheiniog: Ni ellir dweud llawer amdanynt i odro; ond maent yn ddefnyddiol a gweithgar wrth aredig, ac yn uchel eu parch gan y porwr. Gwelir bod y rhai sydd agosaf at Henffordd yn gymysg iawn â gwartheg y sir honno.

Maesyfed: Bydd gyrroedd mawr yn cael eu symud o'r ffeiriau i Rydychen, Northampton, Leicester, a hyd yn oed i Romney Marsh. Mae'r brîd brodorol yn debyg iawn i'r Penfro.

Môn: Mae gwartheg Môn yn fychain a duon, efo bron ddofn, braidd yn drwm eu hysgwydd, tagell enfawr, corff crwn fel casgen, cluniau'n lledu, wyneb gwastad, a chyrn hir bron yn ddieithriad yn troi i fyny yn eu blaenau . . . Maent yn galed, yn hawdd eu magu, a thuedd i besgi'n dda pan y'u trawsblennir i borfeydd gwell . . . Prynir niferoedd mawr ohonynt yn siroedd y Canolbarth i'w paratoi ar gyfer marchnad Llundain . . . O ran maint maent yn ganolig rhwng y bridiau Seisnig a'r mathau lleiaf o'r Scotch . . . Os ydynt fwy o amser yn paratoi i'r farchnad maent yn talu'n well, ac fel y Scotch, yn ffynnu lle llwga'r gwarthegyn Seisnig.

Caernarfon: Amrywiad o wartheg Môn, ond yn israddol iddynt o ran maint a ffurf. Ychydig a wnaed i'w gwella . . . ni all yr un arall gystadlu â hwy am eu caledwch, na'u magu cyn rhated. Ym mhenrhyn Llŷn, mae'r gwartheg yn fwy, a thebycach i rai Môn, ond ddim cystal oherwydd bod y borfa'n salach . . . Gyrrir niferoedd mawr i ardaloedd eraill o Gymru, ac i ganolbarth Lloegr.

the railways from the 1840s.

Welsh Cattle of the 1830s

Youatt gives a good description of the Welsh cattle of the period, (1834):

> . . . the 'dark o'r black-coloured breed,' which now exists, is general throughout the principality . . . The principal and the most valuable portion of the cattle of Wales are middle horns. They are indeed stunted in their growth, from the scanty food which their mountains yield, but they bear about them, in miniature, many of the points of the Devon, Sussex and Hereford cattle.

He describes the cattle from the different counties.

> **Pembroke:** Great Britain does not afford a more useful animal than the Pembroke cow or ox. It is black; the great majority of them are entirely so; a few have white faces, or a little white about the tail, or the udders . . . They are shorter legged than most of the Welsh breeds . . . and have round and deep carcases. The meat is generally beautifully marbled. It is equal to that of the Scotch cattle, and some epicures prefer it. They thrive in every situation. They will live where others starve, and they will rapidly outstrip most others when they have plenty of good pasture.

> **Glamorgan:** The Glamorgans were once in high repute, and deservedly so . . . but forty years ago were almost entirely neglected . . . During the French revolutionary war the excessive price of corn attracted the attention of the Glamorganshire farmers to the increased cultivation of it, and a great proportion of the best pastures were turned over by the plough . . . They were of a dark-brown colour with white bellies, and a streak of white along the back from the shoulder to the tail . . . and the brown has been gradually darkening from crosses with the Pembroke black . . . They produce much milk, butter and cheese for the new industrial towns.

> **Carmarthen:** This county may also be divided into the hill and vale districts, and the breed of cattle in the two is very dissimilar. The hill-breed betrays much Irish admixture. The cattle are small, but coarse; generally black; and with a length as well as thickness of horn that would better entitle them to a place among the long-horns, than among the aboriginal middle-horns. They are a hardy race, but never carry much flesh, and are indifferent milkers. They have been much

Meirionnydd: . . . y gwartheg yn amrywiad o rai Môn ond yn llawer gwaelach . . . yn sâl eu ffurf yn ogystal â bychain . . . y gwaelaf yng Nghymru oherwydd eu bod wedi eu hesgeuluso cymaint . . . Gellid eu gwella trwy ddethol y goreuon ohonynt . . . ond mae pob ymgais i'w gwneud yn fwy gwerthfawr trwy gymysgu â gwaed estron wedi methu'n llwyr.

Maldwyn: Yn y mynydd-dir mae'r gwartheg yn fychan iawn, ac nid ydynt bellach yn ymdebygu i frîd Môn. Maent yn goch fel y gwaed, efo wynebau llwytaidd. Yn y dyffrynnoedd maent yn llawer gwell. Yma, maent o liw browngoch, heb unrhyw wyn heblaw am linell fain o'r pwrs i'r bogail . . . yn debyg iawn i'r Devons . . . ond yn yr ardaloedd pori cymerwyd eu lle gan yr Henffordd.

Dinbych: Tebyg i wartheg Môn yn yr ardaloedd mynyddig, ond nid cystal . . . Yn y dyffrynnoedd ceir brîd mwy a gwell – yn groesiad rhwng y Cymreig a'r hirgorn. Mae llawer o odro ar y tiroedd gwaelod a gwneir caws da iawn yma.

Y Fflint: Bron fod y gwartheg wedi colli eu nodweddion Cymreig yma . . . yn ymdebygu i wartheg Cheshire ac Amwythig ond efo llawer o amrywiaethau . . . Cyfuna gwartheg y Fflint y rhinweddau prin o laetha'n dda a phesgi'n gyflym. Gwneir llawer o fenyn da yma a chaws sydd cystal â'r *Cheshire*.

Y Porthmyn a Cherdded Gwartheg

Ceir rhyw ramant yn gysylltiedig â delwedd y porthmon yn y cyfnod pan

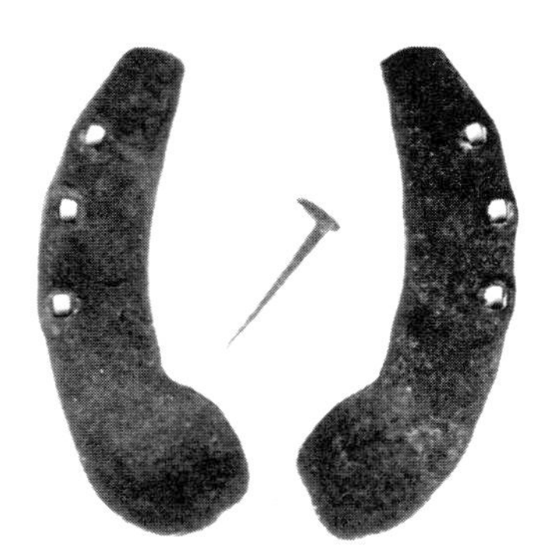

Pedolau gwartheg o Drawsfynydd gyda'r hoelen ar ffurf 'L' yn nodweddiadol

Cattle shoes from Trawsfynydd with the typical 'L'-shaped nail

improved by the introduction of bulls and heifers from Pembrokeshire. The vale-breed is larger. The Glamorgan has found his way here, and the native cattle have been considerably improved.

Cardigan: The Cardiganshire cattle belong to the Pembroke or Carmarthen breeds, or are a mixture of the two . . . the little flesh that they have upon them is very good. A considerable portion of the cattle fattened in Kent are from Cardiganshire; and, for small beef, they find a ready sale in the London market.

Brecknock: Much cannot be said of the Brecknock breed as milkers; but they are useful and active at the plough, and deservedly valued by the grazier. The cattle on the side of Brecon that is nearest to Herefordshire are, in a particular manner, becoming very strongly mixed with the Herefords.

Radnor: Large droves are sent from the cattle fairs to Oxford, Northampton, Leicester, and even to Romney Marsh. The native breed is the Pembroke, or one that very much resembles it.

Anglesey: The Anglesey cattle are small and black, with moderate bone, deep chest, rather too heavy shoulders, enormous dewlap, round barrel, high and spreading haunches, the face flat, the horns long, and, almost invariably turning upward . . . They are hardy, easy to rear, and well-disposed to fatten when transplanted to better pasture than their native isle affords . . . Great numbers of them are purchased in the midland counties, and prepared for metropolitan consumption; and not a few find their way directly to the vicinity of London . . . In point of size, they hold an intermediate rank between the English breeds of all kinds, and the smaller varieties of Scotch

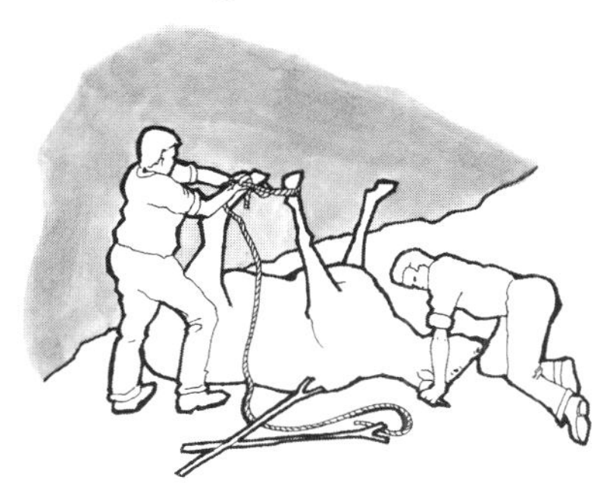

Taflu gwartheg – y taflwr a'r gof wrth eu gwaith

Cattle throwing – the thrower and the blacksmith at work

gerddai ei yrroedd o Gymru i bellafoedd Lloegr. Efallai fod y gwir gryn dipyn yn wahanol o ystyried peryglon y ffordd ac anwadalwch y tywydd a'r farchnad.

Roedd porthmona yn grefft a ofynnai am gryn dipyn o ddawn a menter, nid yn unig i brynu a gwerthu anifeiliaid yn llwyddiannus ond hefyd i'w trosglwyddo'n ddiogel ac mewn cyflwr da i ben draw'r daith. Y gamp fyddai cyrraedd pen y daith efo'r gwartheg mewn cystal os nad gwell cyflwr na phan oeddent ar gychwyn. Llwyddid i wneud hynny pe sicrheid bwyd iawn iddynt a pheidio'u goryrru, fel eu bod yn magu cyhyrau wrth gerdded a sglein ar eu cotiau.

Arferai'r porthmon neu ddilar gael ei anifeiliaid o ddwy brif ffynhonnell, sef ar y fferm neu mewn ffair a marchnad. Roedd yn well gan y porthmyn brynu ar y ffermydd, oherwydd caent well dewis a byddai'n haws cael yr anifeiliaid ar goel. Roedd y drefn honno yn gyffredin iawn ac yn arbed i'r porthmon orfod meddu ar gyfalaf sylweddol i dalu am y creaduriaid – hynny yw, tan y dychwelai efo'r arian gwerthu. Yn naturiol,

Cofnoda'r cartwn hwn bryderon pobl Islington am effaith adleoli marchnad Smithfield i'w hardal nhw yn 1855. Sylwer mai tarw du sy'n rhedeg yn wyllt!

This cartoon shows the fears of the people of Islington concerning the re-location of Smithfield market to their area in 1855. Notice that it is a black bull running amok!

cattle . . . If they are longer in preparing for the market, they pay more at last; and, like the Scots, they thrive where an English beast would starve.

Caernarfon: They may be considered as a variety of the Angleseys, but inferior to them in size and shape. Few attempts to improve them have been made . . . no others can vie with them in hardiness, or be so cheaply reared. In the promontory of Llŷn the surface is more level, and the breed resembles that of Anglesey, but is, perhaps, a little inferior . . . Great numbers of cattle are driven from this district into other parts of Wales, and also into the midland counties of England.

Meirionnydd: . . . the cattle are only a smaller variety of the Angleseys, and very inferior to them. They are ill-shaped as well as small . . . they are some of the worst in Wales. The Merioneth cattle, however, are capable of material improvement, but every attempt to render it more valuable by foreign admixture has uniformly failed.

Montgomery: Here, in the hill country, the cattle are diminutive, but no longer closely resembling the Anglesey. They are of a blood-red, with a dark smoky face . . . but in the vales of the Severn and the Vyrnwy, the pasturage is excellent, and the breed of cattle much superior. They are here of a light brown colour, with no white except a narrow band from the udder to the navel . . . They bear considerable resemblance to the Devons; but in the grazing districts they are chiefly abandoned for the Herefords.

Gwartheg yn creu anrhefn wrth gyrraedd Llundain

Cattle creating a chaos on London streets on their way to Smithfield

rhaid fyddai i'r porthmon fod ag enw da i gael coel!

Dengys hen almanaciau pa mor niferus oedd yr hen ffeiriau, er yr amrywiai eu llwyddiant yn arw o flwyddyn i flwyddyn. Dibynnai hynny ar nifer a safon yr anifeiliaid ar ôl i'r porthmyn efallai gymryd y goreuon cyn y ffair. Dywed Edmund Hyde Hall am ffair Beddgelert yn 1809: ' . . . nid yw nifer yr anifeiliaid ond bychan oherwydd bu i'r porthmyn ers llawer i flwyddyn arfer â mynd o dŷ i dŷ i wneud eu bargeinion preifat â'r ffermwyr.' Mewn ffair arferid talu ar law am yr anifeiliaid yn hytrach na'u cymryd ar goel.

Cyn cychwyn ar y daith i Loegr arferid pedoli'r gwartheg efo ciwiau bychan haearn – dau ar bob troed, yn naturiol, oherwydd y carn fforchog. Ceir disgrifiad rhyfeddol o wartheg bychain mynyddig Meirionnydd, yn ffair Dolgellau yn 1855, yn cael eu reslo i'r llawr gan y taflwyr ar gyfer eu pedoli. Wrth gwrs, enillai'r taflwr arian ychwanegol trwy ddenu cynulleidfa i fetio a chael hwyl – fel Rodeo yng Ngorllewin Gwyllt America!

Ar y daith i Loegr dilynai'r porthmon a'i ddau neu dri gyrrwr rwydwaith o hen lwybrau dros y mynydd-dir, gan deithio rhyw ddeuddeg milltir y dydd. Amrywiai'r gyrroedd o oddeutu gant o anifeiliaid, fel ag a oedd yn arferol yn y gogledd, i hyd at ddau gant fel ag a geid yn aml yn y de. Arhosid mewn tafarn gyda'r nos, efo'r gwartheg mewn cae cyfleus gerllaw ac un neu ddau o'r gyrwyr yn cysgu allan, un ai yn nhin clawdd neu mewn sgubor gyfleus i allu cadw golwg am ladron. Teithid hyd at 100 i 250 milltir i ffeiriau canolbarth neu dde Lloegr gan gymryd tair wythnos

Yr ych Cymreig a ddyfarnwyd yn bencampwr Smithfield, 1856

The Welsh ox that was judged Smithfield champion, 1856

Denbigh: This is a great breeding county; but the cattle are generally, and in the hilly district particularly, of an inferior kind, although resembling the Angleseys. In the vales, however, we begin to recognize a larger and more valuable breed – a cross between the Welsh and the long-horn. The dairy is considerably attended to in the lowlands, and some excellent cheese is produced there.

Fflint: The cattle here may almost be said to have lost their Welsh character. They most resemble their neighbours in Cheshire and in Shropshire, but with many variations. The Flintshire cattle appear to mingle the rare qualities of being excellent milkers and quick feeders. A considerable quantity of good butter is made in this district, but the attention of the dairyman is more devoted to the manufacture of cheese, which is little, if at all, inferior to the genuine Cheshire."

The Drovers, and Walking Cattle

There is considerable romance linked to the image of the drovers of the period walking their herds from Wales to the far reaches of England. But the truth is probably quite different, considering the dangers of the road and the vagaries of the weather and the marketplace.

Droving was a craft that asked for considerable skill and venture not only to successfully buy and sell animals but also to transport them safely and in good condition to the end of their journey. The art was in reaching the other end with the cattle at least in the same condition, if not better than they were at the beginning of their trek. This could be achieved given good feed for the cattle on the way, and if they were not over-driven, so that they built muscle bulk on their walk and developed a shine to their coat. The drovers or dealers would obtain their animals from two main sources, being either the farm or a fair or market. The drovers preferred to buy directly from the farm because they had a better selection and it was easier to obtain the animals on credit terms. That method was prefered since the drover wouldn't need vast capital to pay for the animals – that is, until he returned with the sales money. Naturally, the drover needed a sound name to obtain credit.

The old almanacs show how numerous the old fairs were, although the success of many varied from year to year. It depended largely on the number and quality of animals, the drovers maybe having bought the best previously. Edmund Hyde Hall said of Beddgelert fair in 1809: ' . . . there were only a few animals because for many years it has been usual for the drovers to go from house to house making their private bargains with the

a mwy i gwbwlhau'r siwrnai o Lŷn i Gaint yn y ddeunawfed ganrif.

Roedd anawsterau enbyd ar y ffordd. Rhaid oedd i borthmyn Môn nofio'u gwartheg ar draws y Fenai cyn codi'r bont yn 1827, a rhaid oedd ystyried y gallasai'r tywydd fod yn eitha milain ar adegau – a dim troi'n ôl ar ôl cychwyn! Roedd mwd yn broblem arall, yn enwedig mewn rhai rhannau o Loegr – efo clai gludiog a digerrig Rhydychen yn ddiarhebol! Yn sicr, roedd caledwch cynhenid yr anifeiliaid a'r porthmyn o fudd mawr iddynt i wrthsefyll y daith.

Wedi gwerthu, rhaid oedd dychwelyd yn ddiogel adref efo'r arian, gan osgoi pob mathau o demtasiynau a lladron ar y ffordd. Un ffordd oedd teithio adref yn griwiau arfog, efo cŵn peryglus i'w hamddiffyn. Dull arall diogelach oedd rhoi'r arian mewn banc, a byddai nifer o'r rhain wedi eu lleoli'n gyfleus o amgylch y prif farchnadleoedd. Chwaraeodd y porthmyn ran allweddol yn natblygiad y gyfundrefn fancio gynnar a buont yn gyfrifol am sefydlu nifer o fanciau. Yr enwocaf o'r banciau Cymreig oedd Banc y Ddafad Ddu, Aberystwyth a Thregaron ar ddechrau'r bedwaredd ganrif ar bymtheg, a Banc yr Eidion Du, Llanymddyfri a sefydlwyd gan y porthmon David Jones yn 1799 ac a fu'n weithredol tan 1909, pan y'i cymerwyd drosodd gan Fanc y Ceffyl Du (*Lloyds*).

Marchnad Smithfield, 1858, cyn codi to drosti a'i throi'n farchnad cig ar y bachyn

Smithfield market, 1858, before it was covered over, becoming a dead meat market

farmers'. It was customary in fairs for the animals to be bought for cash rather than on credit.

Before the journey to England began, the cattle were shod with small iron cues – two for each foot, naturally, because of the cloven hoof. There is a wonderful description of the small mountain cattle of Meirionnydd, at Dolgellau fair in 1855, being wrestled to the ground by a thrower prior to shoeing. Of course, the thrower, by some fine showmanship, earned additional money by attracting an audience to bet and have fun – like an American Wild West Rodeo!

The drovers, with their two or three cattle drivers, would follow a network of ancient paths over the mountain-lands on their way eastwards, travelling about twelve miles a day. The herd varied in size from about one hundred, in the north, up to two hundred in the south. They would stay the nights in Inns with the animals in a nearby field, and one or two drivers sleeping out either in a hedge or in a convenient barn to keep a look out for robbers. They would travel between one hundred and two hundred and fifty miles to the fairs of mid and southern England, taking three weeks and more to complete the journey from Llŷn to Kent in the 18th century.

They met momentous hazards on the way. The drovers of Môn had to swim their cattle across the Menai Strait before the bridge was built in

Ffair wartheg Market Harborough ar ddiwedd y ddeunawfed ganrif

The cattle fair, Market Harborough, late 19th century

Marchnadoedd Lloegr

Fel y crybwyllwyd eisoes, Llundain oedd y ddinas fwyaf yn Ewrop yn 1801 ac roedd ei phoblogaeth wedi tyfu o 60,000 yn 1500, i 675,000 yn 1750, i dros filiwn yn 1801. Yn ychwanegol roedd cyfartaledd uchel yno o fasnachwyr, pobl broffesiynol a chyfoethogion a fedrai fforddio mwy o gig eidion na'r mwyafrif. Yn wir, prin y bwyteid cig o'r fath yng nghefn gwlad:

> Bachgen bach o Felin y Wig,
> Welodd o 'rioed damaid o gig . . .

Papur £5 Banc yr Eidion Du, Llanymddyfri, a sefydlwyd gan borthmon

A £5 note of the Black Ox Bank, Llanymddyfri, established by a drover

Ffair Barnet, 1849

Barnet fair, 1849

1827, and the weather could be pretty cruel at times. There was no turning back once they were under way! Mud was another problem, especially in some parts of England – the sticky stone-less clay of Oxfordshire was legendary. Without doubt the inherent hardiness of the cattle and the drovers alike was of great benefit for them to withstand the journey.

Having sold, the next step was returning safely with the money, and avoiding all kinds of dangers on the way. One method was to travel in armed gangs, with their fierce dogs to protect them. Another much safer method was to place the money in a bank, many of which were located conveniently adjacent to the main market places. The drovers played an important part in the development of the early banking system and they were responsible for establishing several banks. The most famous Welsh examples were Banc y Ddafad Ddu (the Black Sheep Bank) of Aberystwyth and Tregaron at the beginning of the 19th century, and Banc yr Eidion Du (the Black Ox Bank) of Llanymddyfri. This was established by David Jones, a drover, in 1799, and was active until 1909 when the Black Horse Bank (Lloyds) took it over.

Markets in England

As already mentioned, London was the biggest city in Europe in 1801, its population having grown from 60,000 in 1500 to 675,000 by 1750, and over a million in 1801. In addition, it contained a high proportion of merchants, professional people and rich households who could afford more beef than the average person. In truth, beef was hardly eaten at all by ordinary country folk:

Bachgen bach o Felin y Wig,	A little boy from Melin y Wig
Welodd o 'rioed damaid o gig . . .	Never in his life saw a joint of meat . . .
	(Welsh nursery rhyme)

In a letter to the Countess of Fingall the traveller J. Jackson, visiting Dolgellau in 1768, declared that there was hardly any beef in the town, but it could be obtained by sending for it to Shrewsbury!

The huge size and growth of the London meat market is indicated by the number of animals sold at Smithfield:

	1750	**1800**	**1853**
Cattle and calves:	70,000	125,000	277,000

With such a large and increasing market, prices were bound to be very

Mewn llythyr at Iarlles Fingall, tystia'r teithiwr J. Jackson, pan oedd ar ymweliad â Dolgellau yn 1768, fod cig eidion yn brin yn y dref am fod yr holl wartheg yn cael eu prynu gan borthmyn, ond bod posib ei gael trwy yrru amdano i Amwythig!

Cawn amcan o faint aruthrol y farchnad yn Llundain wrth ystyried niferoedd yr anifeiliaid a werthid yn Smithfield:

	1750	**1800**	**1853**
Gwartheg a lloi:	70,000	125,000	277,000

Gyda marchnad mor fawr a oedd yn dal i gynyddu, roedd prisiau'n ffafriol iawn ac yn tynnu anifeiliaid i'w pesgi ar ei chyfer o bob cwr o Gymru, Lloegr, yr Alban ac Iwerddon.

Y prif gyrchfannau i'r porthmyn Cymreig yn y ddeunawfed ganrif oedd Caint a'r Siroedd Cartref. Byddai ffermwyr yr ardaloedd hyn yn pesgi'r anifeiliaid ar gyfer marchnad fawr Llundain ac yn eu prynu yn yr Hydref mewn 'cylch' o ffeiriau yng nghyffiniau'r ddinas megis Billericay, Brentwood, Harlow, Epping, ffair fawr Barnet, Pinner, Uxbridge, Reigate, Maidstone a'i *Runt Fair* enwog, a Chaer-gaint. Deuai rhai o'r gwartheg duon Cymreig i Smithfield o borfeydd Wiltshire, tra byddai eraill wedi eu gyrru i ffeiriau Blackwater, Farnborough ac i lawr at Horsham, East Grinstead a Brighton.

Disgrifia William Marshall yn 1798 bwysigrwydd y gwartheg Cymreig i Gaint:

> . . . does yr un ardal yn yr ynys . . . yn magu cyn lleied o'i gwartheg ei hun. Gellid dweud bod ei holl stoc, fwy neu lai, yn Gymreig, neu yn tarddu o Gymru. Deuir â'r gwartheg hyn yma, gan borthmyn Cymreig yn bennaf, pan maent yn ifanc; yn un, dwy neu dair oed. Deuant o wahanol rannau o'r Dywysogaeth. Ond, mae'r heffrod, ar gyfer eu godro, o fath Penfro . . . Ym mis Hydref mae'r ffyrdd ym mhobman yn llawn ohonynt; rhai yn mynd i'r bryndir, eraill i'r corsydd.

Yr un darlun a geir gan Youatt (1834), er bod mwy o wartheg yr Alban i'w gweld erbyn hynny:

> Yn nwyrain Caint yn enwedig, ychydig o wartheg a fegir. Prynir y gwartheg Albanaidd moelion ar gyfer pori'r haf, neu'r Cymreig, yng Nghaer-gaint a marchnadoedd eraill. Pryn rai loi Cymreig yn yr hydref a'u cadw yn yr iardiau dros y gaeaf, a'u troi allan ymysg y defaid yn y gwanwyn, pryd byddant yn pesgi ymhen ychydig fisoedd, gan bwyso o 18 i 22 sgôr.

favourable and drew animals for fattening from far and wide – from Wales, England, Scotland and Ireland.

The main targets for Welsh drovers in the 18th century were Kent and the Home Counties. Farmers from these areas fattened the cattle for the enormous London market, buying them in the Autumn in a circle of fairs around the outskirts of the capital such as Billericay, Brentwood, Harlow, Epping, Barnet's great fair, Pinner, Uxbridge, Reigate, Maidstone's famous 'Runt Fair', and Canterbury. Some of the Welsh black cattle came to Smithfield from the pastures of Wiltshire, while others would have been driven to the fairs of Blackwater, Farnborough and down to

Ras ferlod rhwng y porthmyn Cymreig (hen brint: 'H.J. '98')

A Welsh drovers' race (old print: 'H.J. '98')

Yn y rhannau eraill o dde a chanolbarth Lloegr disgrifia Youatt:

Essex: 'Ar rai adegau o'r flwyddyn, gorchuddir y gwastadeddau hyn â gwartheg, o fath y *runts* Cymreig ac Albanaidd yn fwyaf.'
Bedford: 'Dros yr haf prynir rhai gwartheg o'r Alban a Chymru. Dechreuir eu gwerthu o Fedi ymlaen, ac erbyn dechrau Chwefror bydd y cwbwl wedi eu gwaredu.'
Leicester: ' . . . amrywiaeth ryfedd o anifeiliaid o Iwerddon, yr Alban a Chymru.'
Suffolk a Norfolk: 'Llawer o Gymru, ac ychydig o Iwerddon . . . ond Galloways yn fwyaf.'
Berkshire: 'Yn yr ardaloedd coediog, llawer o wartheg o Gymru a'r Alban, a gwartheg trymach ar y porfeydd gorau.'
Ynys Wyth: 'Nifer fechan o Gymru yn cael eu prynu bob blwyddyn.'

Fel y tyfai trefi canolbarth Lloegr, daeth ffeiriau megis Caerlŷr, Northampton, Rugby, Daventry a Market Harborough yn llawer pwysicach i'r porthmyn Cymreig ac i gymryd y mwyafrif o'r anifeiliaid erbyn tua chanol y bedwaredd ganrif ar bymtheg.

Disgrifiadau o Ffair Barnet

Yma, ar gyrion gogleddol Llundain, y cynhelid un o ffeiriau gwartheg mwyaf y wlad. Fel yr oedd ffair St. Faith ger Norwich yn brif gyrchfan i wartheg yr Alban, Barnet oedd prif gyrchfan y Cymry. Gelwid y ffair Fedi enfawr yno yn *Welsh Fair*, a gwerthid niferoedd mawr o wartheg a cheffylau o Gymru yno.

Roedd ffair Barnet yn 'achlysur' arbennig iawn, efo oddeutu 40,000 o wartheg yn cael eu gwerthu yno yn 1849. Deuai sŵn a bwrlwm eithriadol o dafarndai niferus a gorlawn y fro ac o'r gyrroedd a fyddai'n gorlifo dros y tiroedd comin gerllaw. Diweddglo pob ffair fyddai ras geffylau'r porthmyn Cymreig, pan rasiai'r dynion ar gefnau'r ceffylau a ddefnyddid ganddynt i gadw trefn ar y gyrroedd ar y ffordd o Gymru. Cyfrwy a phenffrwyn wedi eu prynu gan gyfraniadau cyhoeddus fyddai'r wobr, a mawr oedd y miri a'r betio.

Ymddangosodd disgrifiad difyr o'r mathau o wartheg a werthid yno yn y *Daily News* yn 1850, gan un a ddisgrifiai ei hun fel '*A Midland County Farmer*':

> Tu draw i'r ffair geffylau Gymreig, ac yn nes i Barnet, mae'r ffair wartheg Gymreig. Yma ceir pob mathau o wartheg Cymreig;

Horsham, East Grinstead and Brighton.

William Marshal in 1798 described how important Welsh cattle were in Kent:

> there is not a region in the Island that breeds so few of its own stock. It might be said that more or less all its stock is Welsh, or derived from Wales. The cattle are brought here, mainly by Welsh drovers, when young; at one, two or three years of age. They come from different parts of the principality. But the heifers, for milking, are of the Pembroke type . . . In October the roads to everywhere are filled with them; some heading for the hills, others for the marshes.

The same picture is given by Youatt (1834), although there were more Scottish cattle by then:

> In the east of Kent especially, few cattle are bred. The polled Scots are bought for summer-grazing, or the Welsh are purchased at Canterbury, or other markets . . . Some graziers buy Welsh calves in the autumn, and put them out to keep in the farm yards for the winter: in the spring they place them among their sheep, where they get fat in a few months, and weigh from 18 to 22 scores.

In other parts of southern and central England, Youatt describes:

Essex: 'At some periods of the year these flats are covered with cattle, chiefly of the small kind, and mostly the Welsh or Scotch runts; indeed the grazing is principally confined to these small cattle.'
Bedford: 'In the course of the summer, some Scotch and Welsh cattle are bought in – he begins selling off in September and by the beginning of February the whole are disposed of.'
Leicester: ' . . . a strange variety of beasts from Ireland, Scotland and Wales . . . '
Suffolk and Norfolk: 'A great many Welsh cattle, and a few Irish, are also grazed . . . but they do not bear so high a price in the market as the Galloways.'
Berkshire: 'In the forest districts . . . many Welsh and Scotch cattle are grazed, and heavier cattle occupy the more fertile pastures.'
Isle of White: 'A few Welsh and West Country cattle bought each year.'

As the towns of central England developed, fairs in places such as Leicester, Northampton, Rugby, Daventry and Market Harborough became far more important for the Welsh drovers, and were taking most of the animals by the middle of the 19th century.

gwartheg a heffrod, yn flwyddiaid a heffrod dyflwydd, a bustych – *runts* – o ddwyflwydd i bedair oed, am brisiau yn amrywio o £4 i £5 yr un, ac i fyny at £9 ac £11, a hyd yn oed yn uwch. Mae'r gwartheg hyn fel arfer yn dduon, ac er eu bod yn fychan, yn anifeiliaid siapus a hawdd eu trin, ac yn profi'n broffidiol lle ceir tir garw ar fferm, ar yr hwn y gellir eu troi allan, gan gadw, yn wir, gwella eu cyflwr ar swm cymhedrol o fwyd. Prynir llawer ohonynt gan ffermwyr Hertfordshire, Essex, Sussex, Surrey, Kent a Middlesex, a byddant yn troi y rhai fwyaf, y gwartheg pedair oed, allan ar eu porfeydd a sofl tan fis Tachwedd, erbyn pryd y byddant yn *fresh*. Wedyn fe'u clymir a'u pesgi â grawn, *oilcake*, a rwdins, neu weithiau â gwair a rwdins, neu wair ac *oilcake*. Gadewir y gwartheg ifanc allan dros y gaeaf ar y porfeydd geirwon, ac wedyn eu pesgi ar borfa dros yr haf, neu eu gorffen yn y beudai y flwyddyn ganlynol. Pryn eraill heffrod Cymreig, a'u cadw am bron ddim costau dros y gaeaf. Pan fyddant yn lloia yn y gwanwyn, pesgir y lloi, ac fe'u cedwir i laetha am 6-8 wythnos yn hwy, ac wedyn eu sychu a'u pesgi. I ffermwr efo cyfran sylweddol o'i dir yn arw a gwael, a heb lawer o gyfleusterau i fwydo gwartheg i mewn, nid ydwyf yn gwybod am unrhyw fath o wartheg sy'n fwy tebygol o fod yn broffidiol na gwartheg Cymreig wedi eu dethol yn dda.

Ceir disgrifiad rhyw ychydig bach yn fwy lliwgar o ffair Barnet yn y *Farmers' Magazine* (1856) ac fe'i cyflwynir yma yn yr iaith wreiddiol:

Imagine some hundreds of bullocks like an immense forest of horns, propelled hurriedly towards you amid the hideous and uproarious shoutings of a set of semi-barbarous drovers who value a restive bullock far beyond the life of a human being, driving their mad and noisy herds over every person they meet, if not fortunate enough to get out of their way, closely followed by a drove of un-broken wild Welsh ponies, fresh from their native hills all of them loose and unrestrained as the oxen that preceed them; kicking, rearing and biting each other amid the unintelligible anathemas of their inhuman attendants . . . (who are) lots of un-English speaking Welshmen.

Dyfodiad y Rheilffyrdd

Dechreuodd y rheilffyrdd ymdreiddio i orllewin a gogledd-orllewin Cymru o'r 1840au ymlaen, gan gyrraedd Caergybi ar hyd arfordir y gogledd erbyn 1852; Aberdaugleddau erbyn 1856, ac i Fachynlleth ac

Descriptions of Barnet Fair

Here on the northern fringes of London was held one of the countries largest cattle fairs. If St Faiths near Norwich was the main collection point for Scottish cattle, then without doubt Barnet was the Welsh Mecca. The enormous September fair there was called the Welsh Fair, at which large numbers of Welsh cattle and horses were sold.

Barnet fair was a great 'occasion' with about 40,000 cattle being sold there in 1849. A tremendous noise and hubbub would have undoubtedly arisen from the nearby taverns and from the herds that were overflowing the surrounding common land. The grand ending of each fair was the Welsh drover's horse race, when the men would race on the backs of the horses that they had used to control the herds on the road from Wales. The prize was a saddle and bridle, bought by public donation, and great was the merriment and much the betting.

An interesting description of the types of cattle that were sold appeared in the *Daily News* in 1850, written by one who described himself as A Midland County Farmer:

> Beyond the Welsh horse fair, and nearer to Barnet is the Welsh cattle fair. Here all kinds of Welsh cattle are to be met with; there are cows and heifers, yearlings and two year old heifers, and steers – 'runts' from two to four years old, at prices varying from £4 to £5 each, and up to £9 and £11, and even higher. These cattle are generally black, and though small, are kindly well-shaped animals, which prove profitable where there is rough land attached to a farm on which they can run through the winter, and maintain, nay, improve their condition on a moderate quantity of food. They are much bought by the farmers of Hertfordshire, Essex, Sussex, Surrey, Kent, and Middlesex, who let the larger beasts, the four-year olds, to run on their pastures and stubbles till November, where they generally get 'fresh', after which they are tied up and fattened off with corn, oilcake, and turnips, or sometimes with hay and turnips, or hay and oilcake. The younger cattle are allowed to run through the winter in the rough pastures and are then either fed fat on grass during the summer, or finished off in the house the next year. Others buy Welsh heifers, keeping them at little cost during the winter, when they calve in spring, fat off their calves, and are kept in milk six or eight weeks longer, and are then dried and fed off. To a farmer having a large

Aberystwyth yn 1864. Hawdd wedyn oedd trycio'r anifeiliaid i'r marchnadoedd pell yn hytrach na'u cerdded.

Cymerodd rai blynyddoedd i hynny ddigwydd oherwydd costau uchel cludo'r anifeiliaid ac, mewn rhai achosion, arafwch y cwmnïau rheilffyrdd i ddarparu'r hyn oedd ei angen sef tryciau pwrpasol, iardiau a mannau llwytho digonol, a chyfleusterau i ddyfrio, bwydo a charthu. Ond erbyn diwedd y 1860au cludid y mwyafrif o wartheg Cymru i Loegr ar y trên, ac erbyn diwedd y ganrif roedd y cyfan o waith y porthmon wedi ei drosglwyddo o draed i dryciau, heblaw am gerdded yr ychydig filltiroedd o'r fferm i'r orsaf. Roedd y newid yn dipyn caredicach i ddyn ac anifail. Tybir mai taith o'r Bala i Barnet yn 1895 oedd un o'r rhai olaf ar droed.

Serch hynny, roedd y porthmyn mwyaf blaengar yn gweld mantais amlwg i'r cledrau yn o gynnar. Er enghraifft, newidiodd y teulu Jonathan, Dihewyd eu llwybrau cerdded gwartheg arferol ar ôl 1856 o'r hen ffordd a aethai o Dregaron trwy Abergwesyn i Henffordd, gan ddewis yn hytrach fynd o Aberystwyth trwy Fachynlleth, Mallwyd, y Trallwm, ac ymlaen at y rheilffordd nad oedd bryd hynny ond wedi cyrraedd Amwythig. Mantais hyn iddynt oedd gallu cyrraedd ffeiriau Canolbarth Lloegr yn gynt, yn hwylusach, ac yn y pen draw yn rhatach oherwydd

Ffair wartheg Llannerch-y-medd yn y 1870au

Llannerch-y-medd cattle fair in the 1870s

> extent of rough poor pasture, and without much accommodation for house feeding, I do not know any sort of cattle likely to prove more profitable than well-selected Welsh beasts. They are good in quality when fat, and from their small size are very valuable.

A description of the same fair from the *Farmers News* (1856) is a little more graphic:

> Imagine some hundreds of bullocks like an immense forest of horns, propelled hurriedly towards you amid the hideous and uproarious shoutings of a set of semi-barbarous drovers who value a restive bullock far beyond the life of a human being, driving their mad and noisy herds over every person they meet, if not fortunate enough to get out of their way, closely followed by a drove of un-broken wild Welsh ponies, fresh from their native hills all of them loose and unrestrained as the oxen that precede them; kicking, rearing and biting each other amid the unintelligible anathemas of their inhuman attendants . . . (who are) lots of un-English speaking Welshmen.'

The Coming of the Railways

The railways arrived in western and north-western Wales from the 1840s, reaching Holyhead by 1852, Fishguard by 1856, and Machynlleth and Aberystwyth in 1864. It then became easier to transport the animals to far away markets by truck rather than walk them all the way.

This change was not sudden, however, because of the relatively high animal transport costs and, in some cases, the slowness of the railway companies in providing suitable trucks, purpose built loading yards, and facilities for watering, feeding and mucking out. But by the late 1860s the majority of cattle were transported by rail from Wales to England, and by the end of the century all cattle droving had been transferred from trudging to trucking, apart from the few miles walk from the farm to the nearest station. The change was substantially kinder for man and beast. It is thought that the last long distance journey on foot was made from Bala to Barnet in 1895.

The most pioneering of the drovers, however, understood the railway's advantage at a very early date. For example, the Jonathan family of Dihewyd changed their traditional cattle walking routes after 1856 from the road that went from Tregaron through Abergwesyn to Hereford. They chose instead to go from Aberystwyth through

arbediad amser yn ogystal â chostau bwydo ac aros dros nos. Yn naturiol, unwaith y daeth y cledrau i Fachynlleth yn 1864, a phan ddaeth y cyswllt o Gaerfyrddin i Amwythig yn 1868 a oedd yn gysylltiad uniongyrchol â phorfeydd Canolbarth Lloegr, newidiodd porthmona i'r teulu Jonathan ac eraill i fod yn fater o hebrwng yr anifeiliaid i'r orsaf agosaf a'u trycio ymaith.

A'r porthmon egnïol yn curo a bygwth
Wrth yrru'r creaduriaid i'w trycio i ffwrdd.
(Baled 'Ffair Machynlleth')

Tybir bod niferoedd y gwartheg a gludid gan yr amrywiol gwmnïau rheilffyrdd yng Nghymru wedi cynyddu o 32,700 yn 1860, i 571,627 yn 1866.

Effaith ar y Ffeiriau a'r Gyfundrefn Farchnata

Cafodd dyfodiad y rheilffyrdd gryn effaith ar y ffeiriau a oedd, cyn hynny, wedi eu gwasgaru trwy drefi a phentrefi cefn gwlad. Ar y naill law, cynyddodd niferoedd y ffeiriau yn siroedd Penfro, Ceredigion a Chaerfyrddin yn arw, a gwelwn mai yn y safleoedd agosaf at y rheilffyrdd y digwyddodd hynny, tra bu i'r ffeiriau oedd ymhellach i ffwrdd golli eu prysurdeb, a graddol ddiflannu'n ddiweddarach. Ar yr un pryd, yn Lloegr, diflannodd llawer iawn o'r ffeiriau bach gwasgaredig gan wneud lle i ffeiriau enfawr, a oedd eto ar lwybrau'r ffyrdd haearn. Daeth Crewe yn bwysig o ganlyniad i'w chysylltiadau rheilffordd amlwg ac erbyn 1860 yr oedd yno ddeg o ffeiriau gwartheg newydd sylweddol. Yn ddiweddarach, wrth i fwy a mwy o wartheg tewion gael eu cynhyrchu gartref, byddai'r cledrau yn fodd i hebrwng anifeiliaid o Wynedd yn syth i farchnadoedd megis Salford ynghanol yr ardaloedd trefol poblog.

Cychwynnwyd y martiau yn siroedd gororau'r Alban ond ni ledodd y syniad tan ar ôl 1845 oherwydd rhwystrau trethi. Daethant i Gymru yn rhan olaf y bedwaredd ganrif ar bymtheg ac mae'n ddadlennol mai ar y rheilffyrdd y sefydlwyd y rhan fwyaf ohonynt. Bu diwedd ar yr hen ffeiriau traddodiadol yng Nghymru yn fuan wedi diwedd y Rhyfel Byd Cyntaf. Bryd hynny, pan ailsefydlwyd marchnad rydd yn 1921, a oedd wedi ei gwladoli dros dro dan gyfundrefn y War Ag, y mart a orfu. Ychydig iawn o fargeinio ar y stryd a welwyd wedyn.

Machynlleth, Mallwyd and Welshpool to the railroad that then only reached Shrewsbury. Their advantage was reaching the Midland fairs quicker, easier, and ultimately cheaper, because they saved on time as well as feeding costs and overnight stays. Naturally when the track reached Machynlleth in 1864, and when the connection between Carmarthen and Shrewsbury was opened in 1868, providing a direct link with the Midland pastures, droving changed for the Jonathans and others to be a matter of accompanying the cattle to the nearest point for trucking away.

A'r porthmon egnïol	The hard working drover
yn curo a bygwth.	beating and threatening
Wrth yrru creaduriaid	Driving the beasts
i'w trycio i ffwrdd	to be trucked away
	(The Balad of Machynlleth Fair)

It is estimated that the number of cattle carried by the various railway companies in Wales increased from 32,700 in 1860 to 571,627 in 1866.

The Effect of the Railways on Fairs and the Marketing System

The arrival of the railways had a considerable effect on the fairs that were, until then, scattered throughout the villages and towns of the countryside. The number of fairs in the counties of Pembroke, Ceredigion and Caerfyrddin increased substantially in places that were near the railways, but those that were further from the tracks became quieter and slowly disappeared. At the same time in England, many of the small countryside fairs came to an end fairly quickly, their place being taken by enormous fairs that were conveniently placed near the iron tracks. Crewe, with its obvious railway connection, became an important centre with ten cattle fairs having been established there as early as 1860. Later, as more and more cattle were fattened at home, the tracks started carrying finished beasts directly from Gwynedd to markets, such as Salford, in the centre of heavily populated urban areas.

The Marts, initiated in the border counties of Scotland, had not been widespread before 1845 because of taxation obstacles. They spread to Wales towards the end of the century and it is again significant that they were mainly located adjacent to the railway tracks. The old traditional fairs of Wales came to an end after the First World War when a free market returned in 1921 after being under the temporary wartime control of the War Ag. The Marts became supreme and bargaining on the streets disappeared fairly quickly after this time.

Newid yn y Farchnad

Agorodd y rheilffyrdd gyfleoedd marchnata newydd yn ogystal â newid y patrwm gweithredu a chostau. Yn sicr, trwy hanner olaf y bedwaredd ganrif ar bymtheg roedd yn mynd yn anos i'r gyrroedd ar droed gael lleoedd i aros dros nos, yn enwedig ar ambell dymor anffafriol, e.e. pan ddaeth y pla gwartheg yn 1865-66, neu ar gyfnodau glawog pan fyddai porfa lân yn brin ac angen prynu gwair. Felly roedd yn gwneud synnwyr i fanteisio ar y rheilffyrdd.

Dylanwad arall oedd y gystadleuaeth gynyddol yn y farchnad wartheg stôr a ddeuai bellach yn sgîl y rheilffyrdd eu hunain. Llifai gwartheg o Iwerddon trwy borthladdoedd sir Benfro a Chaergybi o'r 1850au ymlaen, a chyn bo hir deuai gwartheg o Waterford i mewn trwy Aberdyfi yn ogystal, i'w trycio yn syth i borfeydd canolbarth Lloegr trwy Fachynlleth.

Daliai llawer o'r porwyr yn Lloegr i ffafrio'r Cymreig, ond yn gynyddol roedd arnynt angen anifeiliaid o well safon ac mewn gwell cyflwr. Bellach, efo dyfodiad y rheilffyrdd, gellid cyflenwi'r anghenion hyn a gwelwyd, yn sgîl y cyfleoedd newydd, drawsnewidiad graddol yn y farchnad.

Yn awr roedd modd cludo anifeiliaid tewion heb i'w cyflwr ddirywio'n ormodol – fel ag a ddigwyddai gynt wrth eu cerdded am ddyddiau. Deuai llawer iawn mwy o ddilars o Loegr i gerdded y ffeiriau ac i ddibynnu ar borthmyn 'lleol' i gael gafael ar anifeiliaid iddynt oddi ar y ffermydd.

Roeddem erbyn hyn mewn cyfnod llewyrchus iawn ym Mhrydain o ran datblygiad economaidd gartref ac ehangu ymerodrol dramor, efo'r boblogaeth yn dal i gynyddu'n gyflym a chyfoeth sylweddol yn y wlad. Buan yr ymatebodd y stadau i botensial newydd y farchnad fwyd a buddsoddwyd yn sylweddol mewn amaethyddiaeth. Deuai llawer o'r cyfalaf o'u chwareli neu weithfeydd glo, haearn a mwynau a.y.b. i godi ffermdai a beudai newydd ac i arbrofi ar eu *Home Farms* efo dulliau cymhwysach o drin y tir, hwsmonaeth a gwella bridiau. Roedd yn hen bryd bellach i ailedrych ar gyflwr y bridiau Cymreig ac arweiniodd hyn at sefydlu buchesi pedigri ffurfiol.

Gelwir y cyfnod hwn, yn y 1860au-1870au, yn 'Oes Aur' i amaethyddiaeth ym Mhrydain, cyn i fewnforion bwyd o dramor chwalu'r gobeithion gan arwain at ddirwasgiad mawr y 1890au.

Buchesi Pedigri

Roedd llawer o'r bridiau Prydeinig wedi eu sefydlu yn y ddeunawfed

Market Changes

The railways opened up new marketing opportunities as well as causing changes in operating patterns and charges. Throughout the last half of the 19th century it was becoming increasingly difficult to find night stops for the herds, especially in some bad seasons, e.g. during the cattle plague of 1865-66, or during wet periods when clean grazing was in short supply and hay had to be bought. It therefore made sense to take advantage of the railways.

Another influence was the increasing competition in the store cattle market that arose as a direct result of the railways themselves. Cattle flowed in through the ports of Pembrokeshire and Holyhead from Ireland from the 1850s onwards, and before long cattle were also arriving from Waterford through Aberdyfi to be trucked directly to the Midland pastures from Machynlleth. Many English grazers still preferred the Welsh cattle, but they were increasingly looking for better quality and better condition. The railways meant that these needs could be fulfilled, and the new opportunities created a gradual change in the market.

It was now possible to transport fat cattle without their losing too much condition – an impossible situation when the beasts walked day after day as before. Far more dealers now travelled from England to visit the Welsh fairs, and also came to depend on local drovers to buy animals on their behalf directly from the farms.

This was an incredibly dynamic period in British history involving economic development at home coupled with imperial expansion abroad, with the population continuing to quickly grow, and considerable affluence in the country. The Estates were quick to respond to the new food marketing potential and considerable sums were invested in agriculture. Much of the capital came from quarries, mines and furnaces etc., and was used to build new farmhouses and buildings, and to experiment on the 'Home Farms' with better land working techniques, husbandry and breed improvements. It was high time, once again, to look at the condition of the Welsh breeds, a process which soon led to the establishment of registered pedigree herds.

The period, during the 1860s and 1870s, is known as the 'Golden Age' of British agriculture, before imported foreign food undermined the industry and lead to the major depression of the 1890s.

Pedigree Herds

Many British breeds had already been established in the 18th century,

ganrif, fel y crybwyllwyd eisoes, ond aethpwyd gam ymhellach trwy sefydlu Cymdeithasau Brîd ar gyfer pob un, a gosod safonau llawer uwch a chytbwys o hynny ymlaen. Dechreuodd yr arfer o gadw Cofrestrau Buchesi i'r gwahanol fridiau, er mwyn cofnodi achau a nodweddion y rhai a ystyrid yn bedigri, yn gynnar yn y bedwaredd ganrif ar bymtheg. Cofrestr y *Byrgorn Llaethog* ddaeth gyntaf, yn 1822; yr Henffordd yn 1846; y Devon yn 1851; y Galloway a gwartheg moelion eraill yn 1862; Ynysoedd y Sianel yn 1866; y Duon Cymreig yn 1874 ac 1883; gwartheg Ucheldir yr Alban yn 1884; y British Holstein (Friesian yn ddiweddarach) yn 1909, a'r *Moiled* Gwyddelig yn 1926.

Bu'r ymgais gyntaf i ffurfio cymdeithas i gofrestru a gwella brîd y fuwch ddu yn sir Benfro yn 1867. Methiant fu'r ymdrech, ond llwyddwyd yn 1873, a chyhoeddwyd y gofrestr gyntaf yn 1874, a oedd yn cynnwys manylion am 96 o fuchod a 56 o deirw. Ni chynhwyswyd gwartheg y

'Sir Watkin', ganed 18fed Chwefror, 1879. Bridwyd gan Iarll Cawdor a chafodd ei arddangos yn llwyddiannus ym Meirionnydd a sir Gaernarfon gan Mr William E. Oakeley, Plas Tan-y-bwlch, Meirionnydd yn ystod 1880 ac 1881.

'Sir Watkin', born 18th February, 1879. Bred by the Earl of Cawdor and successfully exhibited in Meirionnydd and Caernarfonshire by Mr William E. Oakeley, Plas Tan-y-Bwlch, Meirionnydd, during 1880 and 1881.

but further steps were now taken to create Breed Societies which set higher and more consistent standards. A system of maintaining Herd Records for the different breeds, to record lineages and characteristics of the ones that were considered pedigree, was created early in the 19th century. The Dairy Shorthorn was the first in 1822, followed by the Hereford in 1846; the Devon in 1851; the Galloway and other polled breeds in 1862; the Channel Islands in 1866; the Welsh Black in 1874 and 1883; the Scottish Highland in 1884; the British Holstein (later Friesian) in 1909; and the Irish 'Moiled' in 1926.

The first attempt to form a Society to improve the Welsh black cow breed was made in Pembrokeshire in 1867. The attempt failed, but success came in 1873 with the first register being published in 1874 containing details of ninety-six cows and fifty-six bulls. Cattle from north Wales were not included at this time because it was deemed that they were primarily meat producers, while the Pembroke cows were dual-purpose. A north Wales register, based upon Môn types, was set up in 1883, but both were amalgamated to form the current Register in 1905.

It is obvious that there were some beasts of a very high standard in

Delwedd o'r tarw du perffaith, *Element of Agriculture*, W. Fream, 1892

Portrayal of the ideal Welsh Black Bull, Elements of Agriculture, *W. Fream, 1892*

gogledd ar y pryd oherwydd ystyrid mai ar gyfer eu cig y cedwid rhai'r gogledd yn bennaf, tra bod rhai Penfro yn ddeubwrpas. Agorwyd cofrestr i'r gogledd yn seiliedig ar wartheg Môn yn 1883, ond penderfynwyd cyfuno'r ddwy gan ffurfio'r gofrestr bresennol yn 1905.

Mae'n amlwg bod rhai anifeiliaid o safon uchel i'w cael yng Nghymru ar y pryd, e.e. yn y gyfrol gynta o'r Gofrestr Fuches yn 1874, cofnodir y fuwch Annie Laurie a enillodd y wobr gyntaf yn Sioe Frenhinol Lloegr yng Nghaerwrangon yn 1863, a'r tarw Prince Charlie a enillodd pan ddaeth y sioe honno i Gaerdydd yn 1872. Yn 1879, achoswyd syndod pan werthodd Mr Llewelyn Parry, Craflwyn, Beddgelert ddwy heffer am 650 gini. Ni chredai neb y cawsai'r prynwr, y Cyrnol Henry Platt, Gorddinog, Llanfairfechan, ddegfed rhan o'i arian yn ôl. Ond yn 1882, gwerthodd y cyfaill Platt 19 o fuchod a heffrod duon am 1,387 gini, 4 tarw am 187 gini, a 10 llo am 172 gini, a oedd yn gryn record ar y pryd.

Ennill a Cholli

Bu sefydlu Cymdeithas Gwartheg Duon Cymreig yn gyfrwng i wyrdroi ffawd y fuwch ddu. Yn fuan wedi sefydlu'r ddwy gymdeithas yn y de a'r gogledd, roedd porthmyn a phrynwyr eraill yn adrodd am gynnydd yn y galw a'r prisiau. Roedd enw da y fuwch ddu yn prysur gael ei adfer bellach, wedi hir esgeulustod, a chydnabuwyd o'r newydd fod cig y gwartheg duon yn rhagori, a'i fod cystal gan y cigyddion â'r Scots gorau.

Yn anffodus, roedd y duedd i groesi a chyfnewid brîd bron wedi difodi Gwartheg Morgannwg erbyn diwedd y bedwaredd ganrif ar bymtheg. Un o'u hanfanteision oedd nad oeddent yn ddigon caled i gerdded ymhell, fel y gwartheg duon, ac anaml y'u gyrrwyd ymhellach na Bryste, Caerfaddon neu Gaerloyw. Hefyd, wrth i geffylau ddisodli'r ychen i aredig, diflannu wnaeth y galw am frîd Morgannwg a ragorai yn y gwaith hwnnw. Doedd dim cymaint o gymhelliad felly i gadw nodweddion y brîd, fel yn achos y duon.

Fel y treiglai'r bedwaredd ganrif ar bymtheg yn ei blaen, fe'u croeswyd yn fwyfwy efo bridiau Penfro yn y gorllewin a'r ardaloedd bryniog, ac â theirw Henffordd, Ayrshire a Byrgorn yn yr ardaloedd eraill. Telid prisiau mawr am logi gwasanaeth teirw Henffordd oherwydd bod mwy o gig ar yr epil ac roedd yn aeddfedu'n gynt. Roedd y croesiadau ar gyfer llaeth hefyd yn llwyddiannus, yn enwedig efo'r Ayrshire, a phan orffennai'r fuwch Morgannwg x Ayrshire ei gyrfa odro, roedd ei chig o safon dda. Âi rhai ffermwyr ymhellach, gan gael gwared â'u buchesi brodorol a

Wales at this time, e.g. in the first volume of the Herd Register in 1874 we find the cow 'Annie Laurie', that won the first prize in the Royal English Show at Worcester in 1863, and the bull 'Prince Charlie', that won at the same show when it visited Cardiff in 1872. There was some surprise when Mr Llewelyn Parry of Craflwyn, Beddgelert sold two heifers for 650 guineas in 1879. Nobody believed that the buyer, Colonel Henry Platt of Gorddinog, Llanfairfechan, would ever retrieve a tenth of his outlay. But in 1882, Platt sold nineteen black cows and heifers for 1,387 guineas, four bulls for 187 guineas, and ten calves for 172 guineas, which was a record at the time.

Winning and Losing

The establishment of the Welsh Black Cattle Society helped change the fortunes of the black cow. Soon after the two Societies, south and north, were created, drovers and other buyers reported that demand and prices were increasing. The good name of the black cow was quickly being reclaimed following a long period of decline. It was recognised anew that the meat from the black cattle was of a high standard, and rated as highly by butchers as the best Scottish beef.

Unfortunately the tendency to cross and change breeds had almost obliterated the Glamorgan Cattle by the end of the 19th century. One of their disadvantages was their inability to walk great distances due to their relative lack of hardiness, compared to the black cattle, and they were rarely walked further than Bristol, Bath or Gloucester. In addition, as horses took over the ploughing work from the oxen, the Glamorgan breed that shone in that work found its demand waning. The inducement to maintain the breed's characteristics was of far less importance than with the black cow.

As the 19th century progressed the Glamorgans were increasingly crossed with the Pembroke breed in the west and in the hilly areas, and with Hereford, Ayrshire and Shorthorn bulls in other areas. High prices were paid to lease the services of Hereford bulls because the offspring offered more meat, and matured faster. Crossing for milk production was also successful, especially with the Ayrshire, and when the milking life of the Glamorgan x Ayrshire cow came to an end, its meat was then of a high standard. Some farmers even went further, selling all their native stock and replacing them with pure Hereford, Ayrshire or Shorthorn.

A similar fate befell the cattle of Montgomery and Radnor, and although the Montgomery Agricultural Society offered prizes for the

chymryd yr Henffordd, Ayrshire neu'r Byrgorn pur yn eu lle.

Tynged debyg ddaeth i ran gwartheg Maldwyn a Maesyfed, ac er i Gymdeithas Amaethyddol Maldwyn gynnig gwobrau am y brîd yn y 1870au, gwelwyd fod enghreifftiau da o'r fuwch wyneplwyd bellach bron yn gyfyngedig i un neu ddwy o fuchesi. Yn y diwedd fe'u croesfridiwyd o fodolaeth.

Eto fyth, ni chollwyd yn gyfan gwbwl yr amrywiaethau lleol, a gwelir o hyd mewn ambell ardal – Meirionnydd yn enwedig – fod amrywiaeth o liwiau rhyfeddol yn dal i fodoli. A pham lai, os bu'r ffurfiau lleol yn gymhwysach ac yn ddigon cynhyrchiol ar diroedd digon garw weithiau, gellir yn hawdd faddau iddynt eu lliwiau. Mewn gwirionedd, gellir ystyried rhai yn bedigris ynddynt eu hunain, e.e. gwartheg cenglog Beddcoediwr, gwartheg gwynion Rhedyncochion a'r gwartheg cefnwyn ar Forfa Mawddach.

Sefydlwyd Cymdeithas Gwartheg Hynafol Cymru yn 1981 i gasglu a diogelu rhai o'r amrywiaethau prin oedd mewn peryg o ddiflannu'n gyfan gwbwl. Aethpwyd ati hyd yn oed i ail-greu hen frîd Morgannwg trwy ddethol a chroesi o'r ychydig unigolion gwasgaredig a oedd yn dal i arddangos rhai o nodweddion y brîd.

Erbyn hyn daeth defnydd newydd i amryw o'r bridiau prin, i bori tiroedd garw ar warchodfeydd natur lle cydnabyddir bod 'rheolaeth trwy bori' yn hanfodol. Mae nodweddion pori rhai o'r anifeiliaid hyn a'u gallu i ffynnu ar dir garw yn ddelfrydol i'r diben. Ym mis Ebrill 2000 cyflwynwyd nifer fechan o fyfflo dŵr hyd yn oed, i gadw corstir dan reolaeth ar warchodfa ger Cilgerran, ar dir a oedd yn rhy wlyb i unrhyw fuwch frodorol!

Brîd y Gwartheg Duon Cymreig

Yn y cyfarfod yn y *Boar's Head*, Caerfyrddin, ym mis Awst 1904, pan gytunwyd i gyfuno Cymdeithas Gwartheg Duon y de efo un y gogledd, bu trafod ar y teip a fyddai'n foddhaol, a nodwyd rhagoriaethau'r fuwch a'r tarw. Tybed a allesid rhagori ar ddisgrifiad H. Jones, Llangwm mewn cwpled yn 1779:

> Buwch lydan, buwch hael odiaeth
> Buwch o lun a baich o laeth.

Erbyn heddiw dylsai'r fuwch ddu ddelfrydol, yng ngeiriau E.H. Williams, Tal-y-bont, ' . . . fod wedi tyfu'n dda a digon o asgwrn, â chorff

breed in the 1870s, it was found that good examples of the grey-faced cow were few and almost exclusive to one or two herds. They were eventually cross-bred out of existence.

But even so the local variations were not totally lost and a great variety in colour can still be seen in some areas – Meirionnydd being most notable. And why not, if the local forms are more suitable and productive enough on what is often very rough land, their colours can easily be forgiven. In reality, some of them are almost considered to be pedigrees in their own right, for example, the belted black cattle of Beddcoediwr, the white cattle of Rhedyncochion, and the line backed cattle of the Mawddach marshes.

The Ancient Cattle of Wales Society was established in 1981 to collect and protect some of these rare varieties that were in danger of disappearing for ever. The old Glamorgan breed was even recreated by selecting and crossing from the few scattered individuals that continued to show some of the breed's characteristics.

Today many of the rare breeds have a new purpose, practicing grazing management of rough land on nature reserves. The grazing characteristics of some of these animals, and their ability to thrive on poor land, makes them ideal for this purpose. In April 2000 a small number of water buffalo, of all things, were introduced to control vegetation on marshes near Cilgerran because the land was deemed too wet for any native breeds!

The Welsh Black Cattle Breed

At the meeting in the Boar's Head, Caerfyrddin in August 1904, when it was decided to amalgamate the South Wales Black Cattle Society with that of the North, there was a considerable debate on the type that would be acceptable, and the better points of both the cow and bull were noted. Still, it would be difficult to form a better ideal than that in this couplet by H. Jones, Llangwm, written in 1779:

Buwch lydan, buwch hael odiaeth	A broad cow, incredibly generous
Buwch o lun a baich o laeth.	A cow of form with plenty of milk.

A modern description of the perfect black cow, in the words of E.H. Williams, Talybont, is: ' . . . having grown well and with plenty of bone, a deep body, long and wide, with the back and belly following straight lines. The coat should be fairly long, and thick in winter to withstand the harsh weather.' It should also have ' . . . inherent hardiness and the ability to

Cymdeithas Gwartheg Duon Cymreig *The Welsh Black Cattle Society*

dyfn, hir a llydan, efo'r cefn a'r bol yn dilyn llinellau syth. Dylsai'r gôt fod yn weddol hir, a thrwchus yn y gaeaf i wrthsefyll gerwinder y tywydd'. Dylsai hefyd fod '. . . wedi etifeddu'r caledwch a'r gallu i ffynnu ar fannau cymhedrol eu hansawdd. Mae'r buchod yn croesi'n dda, yn magu'n rhwydd, yn hawdd eu trin ac yn byw yn hen'.

Cynhaliwyd yr arwerthiant swyddogol cyntaf ym Mhorthaethwy ym mis Mawrth 1915, pryd y cafwyd 50 gini am y tarw gorau a 25 gini am y fuwch orau. Ymdrechwyd i sefydlu arwerthiannau rheolaidd yn Aberystwyth a Dolgellau yn y 1920au a'r 1930au ond yn aflwyddiannus oherwydd dirwasgiad y cyfnod. Yna, yn 1957, sefydlwyd yr arwerthiant yn Nolgellau a ddaeth yn brif gyrchfan i brynwyr y brîd oddi ar hynny. Erbyn hyn cynhelir pedwar arwerthiant blynyddol yn Nolgellau, dau yn Llanymddyfri, un yn Rhuthun ac un arall yng Nghaerliwelydd, Cumbria.

Yn naturiol, wrth i amaethyddiaeth newid trwy'r ugeinfed ganrif, bu newidiadau yn y brîd. Bu natur ddauddefnydd y fuwch ddu yn ffafriol iawn iddi, gan ei galluogi i ymateb i'r angen am fuchesi llaeth, yn enwedig ar ffermydd mynydd, o'r 1920au i'r 1950au, ac yna newid yn rhan ola'r ganrif i gynhyrchu cig – fel gwartheg sugno yn bennaf. Mae'r fuwch ddu yn ddelfrydol ar gyfer hyn am ei bod yn fam mor dda ac yn croesi'n dda efo bridiau cig. Sefydlwyd buchesi o wartheg duon yng ngogledd Lloegr, ac yn arbennig yng ngorllewin ac ucheldiroedd yr Alban lle mae'n rhyfeddol o gyffredin erbyn hyn. Yn ddiweddar, dechreuodd ymsefydlu yng Ngogledd Iwerddon hefyd.

Castell Seren – Pencampfuwch y *Royal Welsh*, Aberystwyth 1957

Castell Seren – Best cow at the Royal Welsh Show, Aberystwyth 1957

thrive in a less than ideal environment. The cows cross well, rear calves easily, are amenable and live long.'

The first official sale was held in Porthaethwy (Menai Bridge) in March 1915, when the best bull made 50 guineas and the best cow 25 guineas. Attempts were made to establish regular sales in Aberystwyth and Dolgellau in the 1920s and 1930s, but unsuccessfully due to the agricultural depression. Then, in 1957, a sale was established at Dolgellau that has been the main gathering point for breeders ever since. By now there are four annual sales at Dolgellau, two in Llanymddyfri, one in Rhuthun and another in Carlisle, Cumbria.

Naturally, as agriculture changed through the 20th century the breed also developed. The multi-purpose nature of the black cow was of great benefit, enabling it to answer the need for dairy herds, especially on mountain farms, from the 1920s to the 1950s. In the second half of the century, the emphasis has changed to meat production, the demand for which it has again met, mostly in the role of a suckler cow. The Welsh black is ideally suited for this, being a good mother and crosses well with meat breeds. Herds were established in northern England, and especially in the west and highlands of Scotland where it is by now very common. It has recently also began to establish itself in Northern Ireland.

Very few Welsh black cattle were exported outside the British Isles before the 1960s, making it easy for the breed to improve its quality very

Caerynwch Molly XV a werthwyd ym marchnad Dolgellau, Tachwedd 1996 am 860 gini

Caerynwch Molly XV sold at Dolgellau sale, November 1996 for 860 guineas

Tan y 1960au, ychydig o wartheg duon Cymreig a allforiwyd y tu allan i Brydain, ffaith a alluogodd y brîd i wella yn ei ansawdd yn gyflym iawn trwy'r ganrif. Erbyn hyn, efo mwy o anifeiliaid o ansawdd uchel ar gael, daeth yn frîd rhyngwladol pwysig.

Allforiwyd gwartheg duon i Nevada yn 1966 ac oddi yno aethant i Ganada yn 1969. Roeddent mor llwyddiannus yng Nghanada nes bod marchnad gyson iddynt yn y wlad honno erbyn hyn, lle mae eu gallu i fagu lloi wedi ennill iddynt yr enw *the Brood Cow Breed*. Ffurfiwyd Cymdeithas Gwartheg Duon Cymreig Canada yn 1971. Aeth rhai i Seland Newydd yn 1973 a sefydlwyd cymdeithas yno yn 1974. Dros y blynyddoedd allforiwyd llawer i'r Almaen hefyd, a gobeithir, unwaith y daw'r gwaharddiadau allforio a ddaeth yn sgîl y clwy B.S.E. i ben, yr adferir y farchnad honno. Aeth eraill i Jamaica, Uganda, Ynysoedd y Malvinas, Saudi Arabia, Sbaen ac Awstralia.

Gwelliannau, Croesiadau a Bridiau Newydd

Trwy'r ugeinfed ganrif bu gwella sylweddol yn ansawdd rhai bridiau brodorol Prydeinig, tra bu i eraill, gyda'u llu o amrywiaethau lleol, brinhau a bron ddiflannu. Fel y gwelwyd eisoes, parhaodd yr arfer o

Stamp y Tarw Du Cymreig, Chwaen Major XV, gyda Llynnau Mymbyr a'r Wyddfa yn gefndir, a gyhoeddwyd ar y 6ed o Fawrth, 1984

The Welsh Black Bull Chwaen Major XV *postage stamp, with Llynnau Mymbyr and Snowdon in the background, issued on 6th March, 1984*

quickly through the century. By today, with increased numbers of high quality animals available, the breed has become internationally important.

Black cattle were exported to Nevada in 1966 from where they went to Canada in 1969. They have been so successful in Canada that there is today a constant market for them in that country, and their ability to suckle calves has earned them the name 'Brood Cow Breed'. The Welsh Black Cattle Society of Canada was formed in 1971. Cattle were exported to New Zealand in 1973 and a Society was formed there in 1974. Many have also been exported to Germany over the years and it is hoped that, when the B.S.E. linked export bans are lifted, this market will regain its impetus. Others went to Jamaica, Uganda, the Malvina Islands, Saudi Arabia, Spain and Australia.

Improvements, Cross Breeding and New Breeds

Throughout the 20th century the quality of some native British breeds improved considerably, while others, and many of the local variations, became increasingly rarer with some practically disapearing. The practise of importing new breeds continued as before, not only for improving our

fewnforio bridiau newydd nid yn unig i geisio gwella'r bridiau cynhenid fel o'r blaen, ond i sefydlu buchesi pwrpasol ac, yn arbennig ar ucheldiroedd Cymru, i gynhyrchu croesiadau i ddiwallu anghenion penodol y farchnad.

Daeth modd gwella'r bridiau yn gynt ac yn fwy effeithiol nag erioed o'r blaen yn sgîl y cynnydd mawr yn ein dealltwriaeth o etifeddeg, ac agorwyd drysau newydd wrth i dechnegau gwyddonol modern gael eu darganfod a'u gweithredu – maes sy'n datblygu'n gyflym iawn ar hyn o bryd. Cymerwyd cam mawr i'r cyfeiriad hwn yn 1914 gyda chynllun y Llywodraeth i roi hwb i sefydlu cymdeithasau teirw, trwy roi cymhorthdal tuag at brynu teirw pedigri. Ym mlwyddyn gyntaf y cynllun sefydlwyd 140 o gymdeithasau yng Nghymru ac roedd traean y teirw yn rhai duon. Cryfhawyd y drefn yn 1931 trwy'r *Scrub Bull Act* i atal cadw teirw israddol. Roedd yn gynllun buddiol iawn, yn enwedig gyda'i ddarpariaeth i dyddynwyr gael mantais, ac erbyn 1949 roedd cymaint â 509 o gymdeithasau teirw mewn grym. Gyda dyfodiad y Bwrdd Marchnata Llaeth yn 1933, a ffrwythloni artiffisial, daeth teirw'r Bwrdd i gymryd drosodd yn raddol, yn enwedig ar gyfer y buchesi llaeth. Daeth y tarw potel (yr *A.I.*) a oedd wedi ei ddyfeisio yn Rwsia a'i arddangos yng Nghaergrawnt yn 1934 ar gael i fuchesi llaeth o 1943, ac i fuchesi cig o 1947. Erbyn 1957 roedd hanner gwartheg Cymru a Lloegr yn cael eu ffrwythloni gan saith gant o deirw *A.I.*, tra bo'r hanner arall yn cael eu ffrwythloni gan drigain mil o deirw fferm. Roedd profion epil y teirw *A.I.* hynny, a'u holynwyr, yn fodd i buro a gwella ansawdd y bridiau yn fwy nag erioed o'r blaen. Erbyn diwedd yr ugeinfed ganrif daeth trawsblannu embryonau o fuchod hefyd yn bosib, gan brofi'n fuddiol iawn i fridwyr pedigri arbenigol a buchesi llaeth.

Daeth cynhyrchu llaeth (a oedd yn bwysig iawn yn ystod dirwasgiad y 1880au-90au yn wyneb mewnforion cig o dramor) yn bwysicach fyth yn nirwasgiad y 1920au-30au. Roedd bron pob fferm, mawr a bach, yn cynhyrchu llaeth yn y cyfnod hwn ac roedd sefydlu'r Bwrdd Marchnata Llaeth a'i hufenfeydd yn 1933 yn achubiaeth i sawl ffermwr. Sefydlwyd llawer iawn o fuchesi Byrgorn Llaethog ac Ayrshire yn ogystal ag ambell fuches Guernsey a Jersey ar y tiroedd mwy cynhyrchiol. Cadwodd y ffermwyr mynydd at eu gwartheg duon llaethog traddodiadol yn bennaf, ond gan sicrhau bod ambell fuwch, neu groesiad, o'r bridiau llaeth cydnabyddedig yn gynwysedig hefyd yn eu buchesi. Byddai un neu ddwy o fuchod gleision ac ambell i liw arall hefyd yn boblogaidd yn y fuches.

native stock but also to establish herds in their own right, and, especially in the uplands of Wales, to produce crosses that would meet specific market demands.

The enormous leap in the understanding of genetics enabled quicker and more effective breed improvements, and many new doors were opened as modern scientific techniques were discovered and utilised. A great step forward was taken in 1914 when the Government established a scheme that encouraged the formation pedigree of bull societies, by offering grants towards buying the bulls. One hundred and forty societies were created in the first year in Wales, and one third of the bulls were Welsh Black. It was further strengthened in 1931 by the 'Scrub Bull Act' to discourage the keeping of sub standard bulls. It was a very useful scheme especially because of the help it gave smallholders and, by 1949, as many as five hundred and nine bull societies were operational. With the arrival of the Milk Marketing Board in 1933, and artificial insemination, the Board's bulls began to slowly take over, especially in the dairy herds. AI, which was devised in Russia and demonstrated in Cambridge in 1934, became available for dairy herds from 1943 and for beef herds from 1947. By 1957 half the cattle in Wales and England were served by 60,000 farm bulls. The proginy testing of those AI bulls, and their descendants, were a means to purify the breeds to a greater extent than ever before. By the end of the 20th century embryo transplantation from selected cows also became possible, and this proved to be highly beneficial to specialist pedigree breeders and dairy herds.

Milk production, which had increased its importance during the depression of the 1880s and 1890s in the face of foreign meat importation at that time became even more important in the depression of the 1920s and 1930s. Nearly every farm, large and small, produced m ilk during this period and the establishment of the Milk Marketing Board, and its Creameries, in 1933 was a salvation to many farmers. Many Dairy Shorthorn and Ayrshire herds were established, as well as some Guernsey and Jersey herds on the more productive land. The upland farmers stuck mainly with their traditional black dairy cows, but also tried to ensure that they had some crosses with these breeds, or some pure animals, mixed in with the dairy black cattle in their herds. This remained common practice until the 1950s when the average number of dairy cows in the herds was about 12-18. Then came a considerable change as cows stepped from the byre into the parlour, whence they were milked by machine rather than by hand, and when the Friesian breed took over.

Parhaodd hyn yn gyffredin tan y 1950au pan fyddai maint y fuches tua 12-18 o wartheg godro. Yna daeth newid mawr wrth i'r gwartheg gamu o'r beudy i'r parlwr lle caent eu godro â pheiriant yn hytrach na llaw, ac wrth i frîd y Friesian gymryd drosodd. Hwy, neu'r Friesian-Hollstein fel y'u gelwir erbyn hyn, fu'r prif fuchod llaeth hyd ein dyddiau ni, a maint y fuches erbyn hyn tua phedwar ugain neu fwy.

Pwysleisiodd yr Ail Ryfel Byd, 1939-45, bwysigrwydd y diwydiant amaeth i Brydain ac o ganlyniad pasiwyd Deddf Amaeth 1947. Roedd hon yn cynnig cymorthdaliadau i sicrhau prisiau teg, grantiau ar gyfer adeiladau a gwella tir, a gwasanaeth cynghori ac ymchwil (A.D.A.S.). Rhan o'r ddarpariaeth oedd y Cynllun Tir Mynydd a oedd yn rhoi cymhorthdal ar gyfer gwartheg y tiroedd uchel. Arweiniodd hyn at gynnydd mawr yn niferoedd y gwartheg sugno a daeth epil y tarw Henffordd, a ddefnyddiwyd i'w groesi efo'r fuwch ddu i gynhyrchu'r lloi duon penwyn adnabyddus, yn gyffredin iawn.

Wrth i'r tractor ddisodli'r ceffyl yn y 1950au cynnar daeth technegau newydd o drin y tir yn bosib, gan arwain at chwyldro mecanyddol ym myd amaeth. Erbyn y 1960au roedd mathau llawer mwy cynhyrchiol o borfeydd, yn seiliedig ar weiriau o'r mathau 'S', Aberystwyth, wedi dod yn gyffredin; roedd silwair yn prysur ennill ei blwyf a'r ddibyniaeth ar wrteithiau bron â gwneud i feillion gael eu hystyried yn chwyn gan amryw. Cynyddodd pwysigrwydd pesgi bustych gartref, efo cyfundrefn farchnata gydweithredol yr F.M.C. yn gymorth mawr o 1953 (aeth yn gwmni preifat yn 1960), a'r Comisiwn Cig a Da Byw o 1967.

Yna, er gwaethaf gwrthwynebiad gan fridwyr Prydeinig yn y 1960au, agorwyd y llifddorau i'r bridiau cyfandirol. O ganlyniad, o'r 1970au ymlaen, disodlwyd yr Henffordd gan y Charolais bron yn gyfan gwbwl fel y prif darw croesi ar ucheldiroedd Cymru, ac o'r 1980au a'r 1990au gan y Limousin neu'r 'Lim'. Erbyn hyn, wrth i ansawdd y porthiant wella, gwelir mwy a mwy o fagu'r bridiau cyfandirol yn fuchesi pur ar ucheldiroedd Cymru, a'r Aberdeen Angus o'r Alban i'w canlyn. Ar diroedd gwell daeth teirw Simmental, Blonde d'Aquitaine, y Belgian Blue tinfawr, y Romagnola a'r Murray Grey yn boblogaidd, yn bennaf ar gyfer eu croesi efo'r buchod llaeth i gael gwell ffurf corfforol i'r lloi am fod lloi yr Holstein mor heglog ac anodd i'w gwerthu.

Y C.A.P. ac Argyfwng y 1990au

Pan ymunodd Prydain â'r Farchnad Gyffredin yn 1973, ystyrid y rhan

They, or the Friesian-Holstein as they are now known, remain the main dairy animal today, and the size of the herds averages 80 beasts or more.

The Second World War, 1939-1945 rammed home the importance of agriculture to Britain, resulting in the 1947 Agriculture Act. This offered subsidies to guarantee fair prices, grants for better buildings and for improving land, and an advisory and research service (A.D.A.S.). Part of the provision was the Hill Farming Scheme that gave a subsidy for cattle in the uplands. This resulted in a substantial increase in the number of suckler cows, and the offspring of the Hereford bulls used to cross with the black cows, producing the familiar black white-faced calves, became very common.

When the tractor displaced the horse in the early 1950s, new land management techniques became possible leading to a Mechanical Revolution within agriculture. By the 1960s far more productive pastures were common, based on 'S' type grasses from Aberystwyth; silage was quickly gaining ground and the new dependency on artificial fertilisers caused some to almost regard clover as a weed. A greater emphasis was placed on the home fattening of bullocks, with a co-operative marketing system, the F.M.C., benefiting many from 1953. The F.M.C. became a private company in 1960 its role being taken over by the Meat and Livestock Commission from 1967.

In the face of considerable opposition from British breeders during the 1960s, the flood-doors were finally opened to the Continental breeds. As a result, from the 1970s, the Charolais almost totally replaced the Hereford as the choice crossing bull on the uplands of Wales and, from the 1980s and 1990s was joined by the Limousine or 'Lim'. By today, as the quality of grazing has improved, more and more pure continental herds are being bred in the uplands, with the Aberdeen Angus from Scotland also making an appearance. On the better lands Simmental, Blonde d'Aquitaine, the Belgian Blue with its enormous hind quarters, the Romagnola and the Murray Grey have also become popular, mostly for crossing with dairy cows to obtain calves of a better confirmation, mainly because of the problems in selling the camel proportioned offspring of the Holstein.

The C.A.P. and the Crises of the 1990s

When Britain joined the Common Market in 1973 most farms were considered to be 'efficient' and very competitive in comparison to the rest of Europe at the time. Changes to the grant systems had already led

fwyaf o'n ffermydd yn 'effeithiol' a chystadleuol iawn o'u cymharu â gweddill Ewrop ar y pryd. Eisoes roedd newidiadau yn y system grantiau wedi arwain at lawer mwy o arbenigedd mewn amaethyddiaeth, gan arwain at ddiwedd y ffermio cymysg traddodiadol. O hyn ymlaen aeth ffermydd Cymru i arbenigo mewn cynhyrchu llaeth, neu fuchesi sugno, efo dim ond ychydig (ar y tiroedd gorau oll) yn tyfu cnydau âr.

Dros y blynyddoedd nesaf chwyldrowyd y diwydiant amaethyddol wrth i bob math o offer a dulliau newydd gael eu datblygu a'u gweithredu. Roedd hyn yn unol â pholisïau'r Llywodraeth a'r Gymuned Ewropeaidd a dalai grantiau hael i'r perwyl hwnnw o dan gyfundrefn y C.A.P. O ganlyniad, cododd cynhyrchiant amaethyddol yn sylweddol, er gwaetha'r ffaith mai trwy ddulliau dwys, anghynaladwy y gwnaed hynny, yn enwedig ar y tiroedd âr, tra ar yr ucheldiroedd cafwyd codiad sylweddol yn niferoedd yr anifeiliaid a gedwid.

Efallai i bethau fynd braidd yn rhy bell, oherwydd erbyn y 1980au roedd y cyhoedd yn dechrau adweithio, gan dybio bod costau amgylcheddol y dulliau dwys, o ran llygredd, a gorddefnydd o gemegau yn ogystal â baich ariannol amaethyddiaeth dan y C.A.P., wedi mynd yn ormod. Daeth 'Mynyddoedd Menyn a Chig Eidion' y Farchnad Gyffredin a 'Barwniaid Barlys' y tiroedd âr yn ecsbloetio grantiau Ewropeaidd yn symbolau grymus o orgynhyrchu, ac o ganlyniad cwympodd delwedd ffermwyr yn gyffredinol.

Daeth cwotâu diwedd y 1980au i leihau'r gorgynhyrchu tybiedig mewn amryw o sectorau amaethyddol gan gynnwys llaeth a chig yn eu tro. Ymgais arall i leihau gorgynhyrchu oedd sefydlu amryw o gynlluniau amaeth-amgylcheddol megis yr E.S.A.au o 1987/88. Yna, yn arbennig yn dilyn ymrwymiad Prydain i Gytundeb Rio yn 1992, y cynllun Tir Cymen arbrofol o 1992, a Thir Gofal o 2000, i adfer llawer o'r cynefinoedd gwylltion a gollwyd ychydig flynyddoedd ynghynt. Bellach, yn hytrach na grantiau i aredig tiroedd grug a.y.b., ceir grantiau i'w hailsefydlu.

Os oedd amaethyddiaeth y tiroedd pori eisoes yn teimlo gwasgfa economaidd yn niwedd y 1980au, gwaethygodd y sefyllfa yn sgîl 'Clwy y Gwartheg Gwallgo', neu'r *B.S.E.*, gan ddwysáu saith gwaith gwaeth pan aeth yr argraff ar led yn 1996 y gallasai hwn effeithio ar bobl. Er mai yn y buchesi llaeth y digwyddodd y clwy yn bennaf, estynnwyd y gwaharddiadau ar allforio i'r buchesi cig yn ogystal. Roedd y *B.S.E.* yn un o'r prif ffactorau a arweiniodd at y dirwasgiad enbyd mewn amaethyddiaeth yn y 1990au, ynghyd â chryfder y bunt a olygai, erbyn

to far greater specialization in agriculture, leading to the demise of the traditional mixed farming methods. From this time most Welsh farms concentrated either on milk production or on suckler herds, with only a few on the best lands raising arable crops. Over the following years the agricultural industry was revolutionised as all kinds of new equipment and techniques were developed and adopted. This was in line with Government and European Community policy who paid generous grants to this end under the auspices of the C.A.P. The result was a considerable increase in agricultural output, regardless of the fact that this was achieved through an intensive and unsustainable system especially on the arable lands. During this period the number of animals kept in the uplands increased considerably.

Perhaps things went rather too far because, by the 1980s, the public was reacting against what it perceived as the high environmental costs of intensive systems, in terms of pollution and chemical over-use, as well as the financial burden of agriculture under the C.A.P. The 'Butter, and Beef, Mountains' of the Common Market, and the *Barley Barons'* exploitation of European grants, became powerful symbols of over-production, resulting in farmers' images suffering generally.

This all lead to quotas in the late 1980s, to reduce perceived over production in many agricultural sectors, including dairying and beef in their turn. Another attempt to decrease over-production and redress environmental degradation was the establishment of various agri-environmental schemes such as E.S.A.'s in 1987/88. Then, following Britains commitment to the 1992 Rio Convention, came the experimental Tir Cymen in 1992, and Tir Gofal in 2000. The intention is to reinstate some of the wild habitats that were lost only a few years previously. Today, rather than paying grants to plough heather lands etc., the grants are there to re-establish them.

If the farmers of grazing lands were feeling the economic squeeze at the end of the 1980s, the situation was severely compounded by the 'Mad Cow Disease', or B.S.E., especially when it was suggested in 1996 that it could affect people. Although the disease was confined to dairy herds, the associated export ban was extended to the beef herds as well. The B.S.E. problem was one of the main factors that led to the deep depression in agriculture in the 1990s, as well as the over valued pound which, by the end of the decade, made British exports far too expensive abroad.

diwedd y degawd, bod allforion o Brydain yn rhy ddrud dramor.

Y Dyfodol

Er gwaetha'r bwnglera gwleidyddol a fu'n gyfrifol am waethygu effeithiau economaidd y *B.S.E.*, un o'i ganlyniadau oedd gorfodi'r diwydiant cig eidion i wynebu newidiadau sylfaenol yn y dulliau o gofnodi anifeiliaid a phrosesu a marchnata'r cynnyrch. Daeth y system 'basport' i wartheg unigol, newidiodd arolygiaeth a dulliau yn y lladd-dai, a sefydlwyd cyfundrefn i olrhain y cig yn ôl i'r fferm.

Bellach, ar ddechrau milflwydd newydd, wrth i rai o'r cyfyngiadau ar allforio cig ddechrau llacio, daw gwawr newydd. Y gobaith yw fod y rhod yn troi ac y gall y ffermwyr a fu dan warchae economaidd cyhyd, bellach, gyda thipyn o lwc a chwarae teg, ddwyn mantais o'r sefyllfa ar gyfer y dyfodol. Hynny yw, gall safonau llym cynhyrchu cig eidion, ynghyd ag olrheinrwydd yr anifeiliaid, fod yn fodd i warantu safon uchel yn ogystal ag iachusrwydd y cynnyrch i raddfa sy'n ddiguro yn unlle arall yn y byd. Gall hynny fod yn arf marchnata grymus iawn.

Efallai fod hynny'n amserol, oherwydd yn y blynyddoedd nesaf gallwn ddisgwyl newidiadau sylfaenol yn y ffordd y gweithredir y C.A.P. wrth i fwy o wledydd ymuno â'r Gymuned Ewropeaidd ac wrth i gymorthdaliadau amaethyddol ostwng. Tebyg mai'r ffordd ymlaen yw prosesu'r cynnyrch i roi 'gwerth ychwanegol' arno ac yn naturiol i wneud y llawn ddefnydd o ddelwedd dda cig eidion a chynhyrchion Cymreig eraill, gan bwysleisio'u safon uchel wedi eu cynhyrchu â dulliau iachus a chynaladwy. Ond i lwyddo, bydd angen cyfundrefn farchnata gref ac effeithiol a fydd yn gweithredu ar raddfa ddigon mawr i fedru hawlio prisiau teg am gynnyrch amaethyddol.

Efallai mai yn y diwydiant llaeth y digwydd y newidiadau mwyaf. Ar y naill law rhagwelir y bydd mwy o gynhyrchwyr yn rhoi'r gorau i'r diwydiant, gan adael nifer fechan o fuchesi yn dibynnu ar systemau godro a bwydo robotig, a'r gwartheg eu hunain yn glonau unffurf neu yn cael eu ffrwythloni gan had sydd â'i ryw wedi ei bennu. Ar y llaw arall, erys potensial i ddulliau llai dwys, a gwartheg llawer rhatach i'w cadw, os gellir rhoi gwerth ychwanegol i'r cynnyrch a marchnata'n iawn. Pwy a ŵyr, efallai fod y rhod yn troi a'i bod yn hen bryd i'r fuwch ddu ddod yn ei hôl fel buwch odro, yn enwedig ar gyfer cawsiau a chynhyrchion arbenigol eraill y gellir eu marchnata fel Cynnyrch Cymru.

The Future

Despite the political pussyfooting that accompanied and compounded the economic chaos of the B.S.E. crisis, one result was the forcing of the meat industry to face fundamental changes in the system of animal registration, as well as processing and marketing the produce. The 'Passport' system became a reality for individual cattle, procedures and inspection systems in slaughterhouses were changed, and a method was established for retracing the meat back to source if the need arose.

Having entered the new millennium, and with some of the beef export restrictions having been relaxed, a new dawn might be upon us. There is hope that the tide is turning and that farmers who have lived so long under economic siege conditions may at last, with a bit of luck and fair play, gain some benefit from the situation for the future. That is, strict standards of beef production, linked to animal traceability are providing a guarantee of high standards and produce health that is unrivalled anywhere else in the world. This could be a most powerful marketing aid.

Maybe this is timely since the next few years might herald fundamental changes in the way the C.A.P. is administered as more countries join the European Community and as agricultural subsidies decrease. It is possible that the way ahead involves processing the produce to give it 'added value', and naturally to make the most of the good name of beef and other Welsh produce, by stressing its high quality, produced in a clean environment by healthy, sustainable farming methods.

Perhaps the dairy industry will be most affected. On one hand it is envisaged that more producers will leave the industry, leaving a smaller number of large herds that depend on robotic milking and feeding systems, and the cows themselves being uniform clones, or impregnated with pre-sexed semen. On the other hand there remains the potential for less intensive methods, and cattle that are cheaper to maintain if there is a possibility of adding value to their produce – and proper marketing. Who knows, maybe the time is ripe for the return of the dairy black cow, especially for the production of cheeses and other speciality produce that could be marketed as the Produce of Wales.

Llun ymyl dalen o lawysgrif ar y Gyfraith Gymreig o'r drydedd ganrif ar ddeg

A manuscript illustration from a 13th century Welsh Lawbook

Llyfryddiaeth/Bibliography

Cynhanesyddol/Prehistoric:

Baker, G., *Prehistoric Farming in Europe* (Cambridge, 1985)
Barloy, J.J., *Man and Animal* (London, 1974)
Cole, S., *The Neolithic Revolution* (British Museum, 1970)
Dembeck, H., *Animals and Men* (London, 1966)
Evans, J.G., *The Environment of Early Man in the British Isles* (Book Club Association, 1975)
Reynolds, P.J., *Ancient Farming* (Shire Archaeology, 1987)
Willis, R., *World Mythology* (London, 1996)

Canol Oesoedd/Middle Ages:

Davies, J., *Hanes Cymru* (Penguin, 1990)
Davies, J., *The Making of Wales* (Caerdydd, 1999)
Jenkins, D., *Cyfraith Hywel* (Caerdydd, 1976)
Payne, F., *Yr Aradr Gymreig* (Caerdydd, 1954)

Modern Cynnar/Early Modern:

Bonser, K., *The Drovers* (Book Club Association, 1970)
Cameron, D.K., *The English Fair* (Stroud, 1998)
Colyer, R.J., *The Welsh Cattle Drovers* (Caerdydd, 1976)
Elias, T., *Y Porthmyn Cymreig* (Llyfrau Llafar Gwlad 3, Llanrwst, 1987)
Ernle, Lord, *English Farming Past and Present* (6th Edition, London, 1961)
Hall, S.J.G. & Clutton-Brock, J., *Two Hundred Years of British Farm Livestock* (The National History Museum, 1995)
Hughes, P.G., *Wales and the Drovers* (Caerfyrddin, 1988)

Jenkins, G.H., *Hanes Cymru yn y Cyfnod Modern Cynnar 1530-1760* (Caerdydd, 1983)
Jones, E., *Cerdded Hen Ffeiriau* (Aberystwyth, 1972)
Phillips, R., *Pob Un a'i Gwys* (Aberystwyth, 1970)
Richards, E., *Porthmyn Môn* (Caernarfon, 1998)
Trow-Smith, R., *British Livestock Husbandry to 1700* (London, 1957)
Trow-Smith, R., *British Livestock Husbandry 1700-1900* (London, 1959)
Urquhart, J., *Animals on the Farm* (Macdonald, 1983)
Wiliam, E., *The Historical Farm Buildings of Wales* (Edinburgh, 1986)
Youatt, W., *Cattle* (London, 1834)

Diweddar/Modern:
Donaldson, J.G.S. & F., *Farming in Britain Today* (Penguin, 1972)
Edwards, G.W., *The History of the Welsh Black Cattle Society from 1874 to 1962* (Cymdeithas Gwartheg Duon Cymreig)
Seddon, Q., *The Silent Revolution* (London, 1989)
Ark, Journal of the Rare Breeds Survival Trust
Journal (Cymdeithas Gwartheg Duon Cymreig/The Welsh Black Cattle Society)
Fferm a Thyddyn (Gol./Ed. T. Elias)